有时就想躲起来

城闭喧——著

天地出版社 | TIANDI PRESS

图书在版编目（CIP）数据

有时就想躲起来 / 城闭喧著. — 成都：天地出版社，2023.5
ISBN 978-7-5455-7684-9

Ⅰ.①有… Ⅱ.①城… Ⅲ.①心理学—通俗读物 Ⅳ.①B84-49

中国国家版本馆CIP数据核字（2023）第057757号

YOUSHI JIU XIANG DUO QILAI
有时就想躲起来

出 品 人	杨 政
作 者	城闭喧
责任编辑	霍春霞
责任校对	张月静
封面设计	仙境设计
内文排版	麦莫瑞文化
责任印制	王学锋

出版发行	天地出版社
	（成都市锦江区三色路238号 邮政编码：610023）
	（北京市方庄芳群园3区3号 邮政编码：100078）
网 址	http://www.tiandiph.com
电子邮箱	tianditg@163.com
经 销	新华文轩出版传媒股份有限公司

印 刷	北京旺都印务有限公司
版 次	2023年5月第1版
印 次	2023年5月第1次印刷
开 本	880mm×1230mm 1/32
印 张	7.25
字 数	117千字
定 价	52.00元
书 号	ISBN 978-7-5455-7684-9

版权所有◆违者必究

咨询电话：（028）86361282（总编室）
购书热线：（010）67693207（营销中心）

如有印装错误，请与本社联系调换。

自序
PREFACE

写给亲爱的自己

亲爱的阿城：

你好呀！

今天，我有一些话想对你说。

我真的已经讨厌你很久很久了。你呀，是一个既懦弱又脆弱的人，总是一个人小心地躲在自己的世界里，好像只有远离人群才能获得安全感。

过往的经历给你造成了很多性格缺陷，而这些缺陷最后都成了你的弱点。自卑的你，一旦事情做得不是很顺利，就害怕得赶紧放弃，然后摆出一副"我根本没认真对待，完全不在意"的样子；敏感的你，在跟别人交流时，一旦听到自己不懂的东西，或者意识到自己有不如别人的地方，就会开始替对方看不起自己；当遭到任何质疑或否定时，你会进入一种"应激状态"，然后把自己封闭起来，表现出一副"我根本不需要被别人认可"的冷漠孤僻的模样，再通过主观的方式建立自我认同感。

这个世界上存在许多虚假的东西，它们被你当作依靠，也让你受到伤害。这些东西使你的希望一次次落空，最终令你的精神陷入病态的痛苦中。对曾经的你来说，这个世界是如此危险、可怕，好像稍有不慎就会使你陷入万劫不复的境地。

曾经的你，一直在焦虑和痛苦中煎熬，在迷茫中面对人生意义这样的大问题时无力地伸出双手——可悲、可笑又可怜。

那样糟糕的你啊，真的让我讨厌了好久。你越脆弱，我就越想伤害你；你越逃避，我就越恨你，恨得牙痒痒；你越是表现出一副自以为是的样子，我就越想把你拍扁。

不过呢，有一点你还是挺厉害的，竟然能做到近乎孤立地存在着，一个人躲在自己的世界里，什么都不在乎。

一路走来，你似乎达到了一种"无欲则刚"的境界：不再怕自己有多糟糕，也不再忧虑自己是否虚度了光阴，更不再在意自己一身改不掉的臭毛病。你这样坚持到底，就仿佛置之死地而后生，伤口虽然没有愈合，却无法再对你造成伤害。

　　终于，我也没有办法了，决定从此不再管你，不再注意你，将目光转移到其他地方。可是没想到，你的变化逐渐让我感到惊喜。

　　有时，一个人的缺点是相对的，它可以反过来变成你的优点。比如，敏感并不一定是你的缺点，它还能是一种帮你准确地理解他人的优点。

　　我知道，真实的你不但有同理心，而且还很善良，愿意帮助他人，即使在最痛苦的时候，你也从没有过任何伤害他人的念头。你看上去很复杂，其实内心很单纯。

　　你总是远离人群和万家灯火，独自走过那些空旷又黑暗的地带，与星辰为伴，一路向前。渐渐地，你发现黑暗里藏着好多好多和你一样的人，大家彼此疏远，不敢靠近。于是你大声地说："大家不要怕！这里我很熟悉，请跟我一起走吧!"

黑暗中的每个人,皆满身"伤痕",没有什么不同。因此,你们得以相互理解,并从对方身上看到了自己。

你在为他人"疗伤"的过程中,间接地、充分地了解了自己。你很幸运,在黑暗中得到了许多许多的温暖和爱,它们使你慢慢地开始相信自己,并试着填补内心自卑的黑洞。

你终于一点一点地好了起来,尽管生活还是在原地踏步,思考却从未停止。你不断学习,不断探索一个个新问题。在许多人的支持和帮助下,你心中的那束光开始变得越来越亮,直到把身边的人照亮,让很多人不再像过去的你那样,面对生活时茫然失措。

现在的你,我不会再讨厌了。

一个人要坚定自信地生活,至少要做到两件事:一是不因缺乏安全感而依附于某个人,或病态地执着于某件事;二是不因自我厌恶而拒绝参与社会。

现在,我不得不承认你的价值,承认你不再懦弱。你学会了自尊自爱,学会了客观理性地看待世界,不再为被你误解的主观唯心主义——精神至上的、狭隘的——所左右，而是主动地一步步去认识和理解现实世界，学会欣赏这个世界的"结构之美"。你开始重新对世界充满孩子般的好奇与热情，你想要学会摄影，然后带着相机去旅行，去世界的每个地方探险。

现在，我终于看到你可以坚定自信地与人交流了。你不会再轻易地被人刺痛，弄得满身伤口；在感到不舒服的时候，你能够及时地表达出来；在"替别人怀疑自己"的时候，你能够直截了当地询问对方，并根据实际情况做出判断，不再把意识世界里的想象当作客观现实。

看到现在的你，我有一种莫名的感动，感动于知识和经历带给人的强大力量。

我是那么熟悉你、了解你，尽管曾经那么讨厌你，但现在，我开始有点儿喜欢你了。我清楚地知道你是一个多么被动的人，没想到有一天你竟然可以变得如此勇敢无畏，敢将自己与世界上美好的东西相比，自信地站在阳光下，昂首挺胸，勇敢地朝它们靠近。

你不再畏惧被人注视和了解，那些绚丽美好的东西不再令你自惭形秽。从此，你敢带着这个不完美的自己去寻找心之所向，哪怕遇到再多的挑战，你都可以从容、积极地应对。

过往的种种痛苦煎熬，最后仿佛熬出了一片灿烂星河，它们接受一切，原谅一切，融于一切。

我多么庆幸，一直没有放弃；我多么庆幸，曾经经历过这一切；我多么庆幸，我是你……

阿城，曾经的你，永远都想不到自己会有这么大的转变吧。

我开始期待，期待看看你在探索世界的途中会不会被种种困难打倒，看看你有没有自己想象中的那样强大，看看你能不能像最初那个精力旺盛的小男孩一样，能够在摔倒时毫不犹豫地爬起来……

城闭喧

目录 CONTENTS

Part 1 有时就想躲起来

其实，你没那么讨厌自己 …… 003

推倒那堵看不见的墙 …… 012

接纳当下的自己 …… 021

自卑的背后，可能是你对自己的道德美化 …… 030

我们都是"格子"里的人 …… 037

孤独的梦魇 …… 044

疏离感 …… 053

Part 2
停止你的灾难化思维

回避型人格是怎么回事 …… 063

如何摆脱讨好型人格 …… 072

如何走出社交恐惧 …… 086

愧疚是最大的负能量 …… 096

在这种时刻,请停止思考 …… 105

有一种自信,源自被迫骄傲 …… 112

Part 3
别藏在黑暗里喜欢一个人

不做爱情中的胆小鬼 ······ 121

从"感觉主导"到"现实主导" ······ 128

如何走出缺爱的阴影 ······ 135

为什么你总是轻易"搞砸"一段关系 ······ 146

其实主动并不难 ······ 154

"普卑男"的人生 ······ 162

Part 4
找回你的内在力量

你最终要靠自己的力量前行 …… 173

如何获得自我内外的和谐 …… 179

比"拥有"更有力量的是"失去过" …… 187

接受自己,是坚定地支持自己去"犯错" …… 193

不要与乐观为敌 …… 199

别让伤人的过往困住自己 …… 206

Part 1

有时就想躲起来

　　那时候的我,总是面无表情,或者重复一种饱含嘲讽的冷笑。听到人们说着虚伪的客套话,看到人们为了利益互相争抢,我就忍不住笑。

　　我喜欢深夜,因为深夜路上没有人,就好像我一个人拥有整个世界。我坐在路上唱歌,或者去湖边喂鱼,或者走到漆黑的山脚下,抬头看着星光发呆。那时候我就会觉得,一个人的世界,还是蛮好的。

其实，你没那么讨厌自己

1

如果这个世界上有一个"比比谁最讨厌自己"的比赛，那么我相信，很多人会认为自己一定能得第一名。

我曾经是一个极度自我厌恶的人，认为自己就是这个世界上最糟糕的人，连每一次呼吸都会使我因感受到自己的存在而痛苦。

那时候的我，觉得自己的人生就像一幅充满失误的画作，已经无法变好，最后干脆将全部颜料胡乱泼到纸上，恨不得把这幅画作揉成一团丢进垃圾桶里。

所以我非常理解那种一个人时时刻刻以自己为耻的感觉。

这样的人不敢照镜子看自己,更怕被别人看见,甚至来自他人的问候对他们来说都是一种折磨。在人群中,他们永远都控制不住地想要"逃跑",仿佛身在炼狱。

其实,这也没什么不好理解的,一个人最先面对的就是他自己,所以"讨厌自己"是很多人都会有的一种心理。让我们追根究底地想一想:这是为什么呢?为什么会有人这样讨厌自己呢?

一个人讨厌自己的原因有很多:疾病带来的"病耻感";一个没有得到父母足够关爱的童年;因自己的过失引发的一段可怕、痛苦的遭遇;觉得自己不够优秀,活在和他人的比较中;一直被否定、被打压,从来没有得到过夸奖和认同;由自身缺陷导致的自卑感;被内疚感纠缠,常常认为自己会给他人带来麻烦……总之,有太多太多的原因会让我们讨厌自己,甚至痛恨、伤害自己。

2

让我们再来看看，一个自我厌恶的人在生活中有怎样的表现。

一般来说，这样的人会一直表现出"我不重要"的态度，一味谦让，万事以他人为先。他们的口头禅是"我无所谓""怎样都行"。喜欢上一个人时，他们多数会选择暗恋，因为怕对方的光芒反衬出自己的丑陋。他们害怕冲突，与人发生矛盾时总是选择逃避，甚至会主动搞砸一切，然后告诉自己"我不配"。

事实上，使他们有如此表现的真正原因是恐惧——不是因为讨厌自己、自觉不配得到任何东西从而选择谦让，而是因为害怕与人竞争；不是因为讨厌自己、自觉不配跟那么美好的人在一起从而选择暗恋，而是因为害怕被人拒绝和否定。

一个人恐惧的事情越多，就越容易产生讨厌自己的心理，从而使自己的痛苦增多。

所以，你首先要明白，你不是真的那么讨厌自己，你只是害怕被伤害，渴望自我保护。就像变色龙为了保护自己，会根据不同的环境变色一样，你选择变成一个"老好人"——贬低自己、抬高他人，也是为了自我保护。

你害怕被再次伤害，所以会过度地自我保护，然后再将自己的行为"合理化"，给自己贴标签，认为自己就是某种类型的人。

3

读到这里，你可能会觉得惊讶："原来我只是懦弱呀！"

可是这"懦弱"吗？我们是人，被刀子割了都会流血，受到伤害都会痛。而那种足以使一个人变得持续自卑和自我厌恶的伤害，会让人显得有些"懦弱"，这一点儿也不奇怪。

在现实面前，一个遭受过巨大创伤的人，就像一座不设防的城一样，任何一点伤害都能畅通无阻地直达内心深处。如果面对一个有着悲惨遭遇的陌生人，你或许会对他表示同情和安慰，但因为这个人是自己，才使你觉得讨厌。

一个人越是用力地攻击自己，恰恰越是证明他不甘心。这种不甘心，是由于对自己具有过高的期待，而这最终成了一种执念，间接地增强了对自己的厌恶感。

如果说，是那些痛苦的经历让我们讨厌自己，使我们显得懦弱、自卑，那我们应该如何看待它们呢？

如果你对过往那些经历置之不理，它们就会一直跟随着你，将你困在痛苦中，哪怕你已经长大成人。

"都是因为那些经历，我才会变成这样的。"

"发生过那样的事，我再也好不了了。"

……

很多人会一直抱着这样的心态活着，他们将生活中的任何不顺都归因于痛苦的过去。

但过去是不能改变的，将所有不顺都归因于不可改变过去，便意味着心灵无法继续成长，永远被那个"受伤的孩子"控制。

"我又没有错，我只是受害者，凭什么要我承受这一切？"他们会发出这样的疑问。

确实，为别人的错误买单毫无道理可言。但是这一切所产生的后果已无力挽回，全部刻在了我们的生命中。因此，即使错不在自己，我们也要对这一切负责。

这也许听起来很残忍。对于那些给你制造痛苦的人，你可以不去原谅他、不去接受他，甚至你完全可以一直痛恨他，但你必须为自己负责。

如果你一生都因此自怨自艾，放任自己沉溺在痛苦的阴影里，那不会证明你没有错，恰恰证明你已经成为他的支持者，继续传递着那份"不幸"。

所以，你必须对自己负责。你要让内心的孩子长大，让你的人生与你真正讨厌的部分彻底决裂，那才是对它最好的反击。

4

关键的问题是,我们要如何成长呢?

举个例子,有一天你跟自己喜欢的人吵架了,这件事让你脆弱的心灵受了伤,于是你下意识地开始逃避。此时,你会想:"我这样糟糕的人,只会给别人带来烦恼和麻烦。我还是永远一个人好了,不要再奢望拥有一份好的感情。"

这个例子说明,你会因为讨厌自己而觉得离开对方是一件好事,这样就"不再继续伤害对方,不再继续给别人添麻烦了",是"为对方着想"。于是你选择逃避,甚至故意搞砸这件事。可是因此引发的糟糕结果,使你变得更加讨厌自己,更加敏感和自闭,更加害怕受到伤害,也让心灵永远在原地踏步。

从此以后,每一次可能使你走出伤痛的机会,每一个你喜欢的人,都以这种方式被你对待。甚至中年以后,那个

"怕受伤的孩子"仍然在控制你（多么恐怖）！

想要成长起来，你必须鼓起勇气，勇敢地去面对自己的恐惧，主动表达自己心中所想。也许短期内你仍然没办法处理好一份感情，但是通过与人更多的交往，你可以每次前进一小步。在下一段感情到来之前，你就能变得成熟一点儿，最终把感情经营好。

只有真正来自现实生活的感受，才能填补我们内心的空缺。那些"过度补偿"的心理，以及对虚构的完美形象不停地追赶，只能让你在看似接近目标的徒劳中变得越发空虚和迷惘。

一个不喜欢自己的人，无论得到什么都不会真正快乐。而成长，会让一个人对自己的厌恶感慢慢减少，直至真正与心中那个受伤的小孩告别。

5

我们大部分人的一生，都是随波逐流的：遇到了好事就开心，遇到了坏事就烦恼；有了怎样的感受就会有怎样的行为，有了怎样的行为就会养成怎样的习惯……在这并不轻松的一生中，我们会在自己的心中打上很多"结"。这样的"结"越多，我们就越容易被消耗，越容易情绪化，最后变得情绪混乱、迷失自我，从而导致自我厌恶。

我们应该成长，应该站在更高的视角看待自己的人生，让自己更加清醒。

当我们开始像分析陌生人一样分析自己时，我们便会发现，讨厌自己的每一个点，都能找到原因。当我们接受了讨厌自己的合理性以后，那种当局者迷的主观情绪便逐渐消失了。

我相信有一天，一个原本讨厌自己的人，也可以发自内心地喜欢上自己。

推倒那堵看不见的墙

1

上大学时,我有个同学,住在隔壁寝室。他平时说话轻声细语,鼻子上架着一副眼镜,看上去斯斯文文的。

记得我们刚认识的时候,正流行玩电子游戏,他说他从来没玩过,对游戏没兴趣,而且每当别人在玩的时候,他看几眼就说:"这有什么好玩的?"

可是过了不久,有一次我发现隔壁玩游戏的人中多了一个人的声音,那人正在吐槽队友的技术差。这个声音我很熟悉，但我不敢相信会是他。

为了一探究竟，我专门跑到隔壁寝室，发现真的是他！他玩得那叫一个入迷。

事实上，我们对待生活的态度，有时候也像我这位同学对待游戏的态度一样，在没投入进去之前会觉得没意思、没兴趣，但等投入进去以后，我们就会不自觉地惊呼"真香"。

你之所以无法更深地投入生活，是因为在你与生活之间隔了一层障碍，这层障碍可能是由社会环境、成长经历、个人性格等造成的。

当大家因为某件事笑成一团的时候，你也会附和他们去笑，心里却在想："他们在笑什么？"当别人劝你尝试新事物的时候，即便你没有立刻表示拒绝，心里也会产生疑问："这有什么意思？"

过去的我——社恐、孤僻，一直觉得一个人的时候最舒服，可是一个人独处久了，便会产生一种莫名的疏离感。这种疏离感就像一堵墙一样立在我和现实世界之间，以至于当我尝试去投入生活的时候,我立刻会觉得自己与这个世界格格不入。

2

想远离人群却不得不参与其中,想要快乐却无从获得,想要找个支撑点却发现脚下一片黑暗……一个人这样生活久了,就会产生两个疑问:活着是为了什么?人生有什么意义?

可能有些人会觉得,这样的"灵魂拷问"很可笑,但对于陷在虚无状态里的人而言,这就是他们最迫切需要面对的问题。

一个无法与世界产生联系的人,看这个世界就像在看一部无法入戏的电影一样,人们的喜怒哀乐他全都无法共通。

反过来说,他自己的世界也没有一个观众和参与者,这就好似一个孤独的诅咒，它让一个人彻底孤独下去，看不到、听不到也感受不到周围的一切。

我曾经非常认同自己选择孤独地活着，甚至准备好如此度过一生。但是现在我清楚地认识到，人类是社会性动物，世界需要我的参与，而我的世界也需要有人见证。

一个人可以特立独行，但不能变得自闭。

我一直记得，童年时常跟一帮小伙伴一起骑自行车、滑冰、在废工厂里玩"枪战"游戏……那些记忆那么清晰，而且充满欢乐，长大后再也不曾有过。我虽然后来也喜欢过一些新事物，但往往尝试过后瞬间就会对其失去兴趣。

我小时候第一次学骑自行车，无数次摔倒后终于掌控了平衡，那感觉就像飞起来一样。在一个长长的坡道上，我把自行车一次又一次地推上来、骑下去，乐此不疲。阳光、泥土、草的清香、小伙伴们的欢呼、耳边呼呼吹着的风……至今想起，一切都是那么清晰和真实。

后来在大学的游泳课上，我努力地学会了仰泳。在我成功游起来的时候，我格外开心，看着透过顶棚的阳光，感觉自己好像浮在天空中。可是就在下一刻，我仿佛被什么东西抽了一下，那种愉快感瞬间消失了。然后我觉得很累、很无聊、很吵，我想："我为什么要在这里游泳？没人会在意我是否会游泳。"

之后，我仿佛对所有东西都失去了兴趣，总是一个人躲起来发呆，因此成为别人眼中的怪人。

一个性格孤僻、有强烈疏离感的人，再配上一个总是在读书和陷入沉思的形象，就会给人造成一种"此人已经看破红尘"的假象。人们会觉得，这种人将人间的喜怒哀乐全都看作虚妄，视一切为肤浅和转瞬即逝的，只有他对世界表现出的麻木，才是这个世界给人类最真实的反馈。

可事实并不是这样的。他只是被自己错误的感受欺骗了，只要排除他与生活之间的障碍，他就能重新感受到生活的美，让自己不再沉溺在虚无之中，进而体会到存在的意义。

4

2017年，在我状态最差的时候，机缘巧合之下我成了一名倾听者。那时候我只想着能把自己"废物利用"，现在回头想想，这件事帮我把注意力从自己身上转移到了他人身上，让我得以与他人建立起紧密的联系，有了"被需要"的感觉，还收获了许多正反馈。

虽然那时我以倾听者的身份接收了许多来自别人的"负能量"，但正是这种"以毒攻毒"的方式，解决了我当时的问题。

我走了许多城市，面对面地倾听了许多朋友过往的或美好或哀伤的故事。通过这趟旅程，我认识了许多非常好的人，还交了一些可以相互理解的朋友；我认识到社交原来并没有我想的那么可怕，开始发自内心地跟身边的人一起笑，心里想着"此刻真好"。

我曾经一直无法理解那些活得很"夸张"的人，他们总是很夸张地赞美景色多么漂亮、东西多么好吃、路上的猫多么可爱……而我觉得那样很虚伪、很做作。后来当我理解了他们，并且也能够像他们一样，将目光完全集中在那些美好的事物上时，我觉得我和生活之间隔着的那堵墙消失了，我重新找到了童年时的那种愉悦感。

我意识到，我们的整个人生都是由无数个"此时此刻"的感受组成的。而我们当下所认识的人、遇到的事，都决定了我们有着怎样的感受。

如果跟你相处的是一个虚伪、邪恶的人，你就会觉得很累，很想躲开，连世界也会变得可怕起来；可是如果跟你相处的是一个真诚、善良的人，你就会觉得很轻松，世界也变得很美好。

我们从生活中长期获得的感受，塑造了我们的观念。而改变我们的观念，需要先从调整我们对外部世界的感受做起，我们要先找到挡在我们和生活之间的那堵墙，然后制订计划一步步将它推倒。

5

为什么要制订计划呢？因为如果我对过去那个社恐的自己说"你一定要有社交，要多去各地走走，要多认识朋友……"，他一定不会去做。制订计划的精髓在于，不要把自己当成"自己"。

当你想让自己做成某些事情的时候，你就会有一个"我是由我自己控制的"心理预设。当事情到了该做的时候，这样的心理预设往往会使你陷入"我可以做，只是暂时先不做"的拖延与自知为时已晚之后的自责的旋涡中。

你要想像改变其他人一样改变自己，就要做到两点：循序渐进地去实践和不断地获得"正反馈"。循序渐进地去实践是为了保证计划可以被执行；不断地获得"正反馈"则是为了用现实客观的感受一点点扭转你的错误观念。

比如早起这件事。很多人被闹铃叫醒以后，如果没有特别紧急的事情，可能会继续睡。因为当我们想让自己起床时，我们感受到的是困倦，且多数情况下，我们当下的感受强于自己的理性，所以我们选择听从自己的感受。要解决这个问题，我们可以提前在床边放一杯水，每当被闹铃叫醒时，告诉自己喝完这杯水可以继续睡。然而当我们喝完水之后，我们对自己身体的感受变了，会觉得没那么困了，自然也就想起床了。

通过对计划的执行，你一点点获得了感受上的改变，也就一点点改变了对世界的看法，最终把你和世界之间的那堵墙推倒，重新感受到真实的世界。

接纳当下的自己

1

好像每隔一段时间,我就会有一种想要消失的强烈感觉。这并非一种悲观的想法,只是阶段性地对孤独的渴望,想要与一切划清界限,躲到一切视线之外。

"认真投入世界中是一件极其危险的事情。"这个声音不断在我脑中回响。

对于自己病态的部分,我自问已经了解得相当透彻了,我知道自己哪些想法源于哪些经历,知道自己面对怎样的事情会有怎样的行为……有时候我观察自己，就像观察一部小说中的人物。但即使如此，我在面对真实的感受时，还是会一次次选择后退。

　　这些年我懂得了一个很重要的道理：有时候不要太为难自己。在清楚了很多事情发展的过程和必然性后，我相当任性地选择了无比轻松的生活——暂时不去工作，每天除了健身就是看书、看电影，或者坐在凳子上看着窗外的天空发呆……不再被愧疚和焦虑缠绕，并且深信这就是我的福气。

　　我真的觉得一个人生活很平静，很舒服，好像这样活多久都不会腻，也并不需要更多东西。我知道未来我会改变，但是在改变到来之前，我和世界之间，彼此只需要一点点就够了。此刻，我感到无比轻松和幸福。

2

在过去的时间里,我曾帮助过一些人解决他们的问题。在我获得许多经验和感悟之后,有段时间,我有过短暂的"全知全能感",我认为我已经可以轻易地让自己变得更好,可以参与世界,把生活过得很精彩。

但是到了做选择的时候,我突然意识到,很多东西不是我懂了、做了,就可以完全改变了。我清楚自己身上的弱点,了解自己身上病态的部分,也明白怎样做可以改变它们。但我忽略了一点:它们也是我的一部分。

如果只是按照简单的"对错""好坏"来塑造自己,就真的会得到一个满意的自己吗?那些多年来作为我自身一部分的弱点,即使让我在某些地方有所不足,我也不能否认它们对我的意义啊。正是因为有过它们,我才得以成为现在的我,才能够懂得更多人,才能够将它们写下来。

所以,我会允许自己悲观,允许自己在想逃的时候选择一个人这样生活，允许并且认可自己跟别人不一样……就像对待一个我很喜欢的人一样。

我曾告诫自己，有许多悲观的朋友关注着我，我要保持一个乐观自信的形象，写出对他们有帮助的文章。所以当我自己后退或逃避，主动选择悲观时，我变得越来越抗拒写作了，因为我怕自己的悲观会给人带来不好的影响。

但现在我意识到，重要的不是悲观或乐观，而是真实，只要是真实的，对于当下的自己而言就是正确的。

许多问题正是源于主观想法和身体客观感受之间的矛盾。我们被灌输了许多"应该"和"不应该"，以至于我们习惯于否认、压抑、自责、逞强、愧疚……它们形成一道道障碍，最终把问题复杂化。

3

如果说身体是自己的工具，我们就要正确地使用它。所以我不要求自己"应该"积极乐观，而要遵从当下，表达自己内心真实的感受。我相信它们即使是悲观的，也是有意义的。

任何人都不可能在人生前进的路上永远毫无疑惑，只要时时承认并接受自己当下的疑惑，便是在不断地前进。搞清楚事情的原因，再将它们合理化，就会移除路上的障碍。所以不管是悲观还是乐观，都要真实记录自己的内心，承认身体当下的感受。我们正是因为无从放松自己，所以才要适时地逃避这个世界的喧嚣。请心安理得地把这些时间当成自己的福气，而不要有负罪感。

当我走在人群中时，我看到神态各异的行人，他们有的形单影只，有的三五成群，有的亲切地交谈并爽朗地大笑。我知道他们都是热爱生活的人，我想有一天我也一定能够成为他们之中的一个。

但在此之前,我只想从中暂时逃离,我会告诉自己:慢一点儿,没关系的,人生和世界都没有那么紧迫。想想过去的年代,车马慢,爱情慢,用一整天写一首诗,用一整年去寻一处风景。

所以不必急,人生很长,拿出一段时间来调整和休息,你支付得起。

我们不是为了体验痛苦才来到这个世界的,痛苦的意义是帮助我们从错误的生活和思维方式中冷静下来,获得成长,最终可以使我们更清醒、理智地去经营和创造我们的生活。

4

最近,我有个朋友跟我说,他过往的20多年好像一直都在"填坑",时间都浪费在了修补自己上。当他终于成长到该做些大事时，他却发现身边那些卓越的人早已把他落得很远了，这让他产生了一种严重的挫败感。

我是这么回答他的："当你伤痕累累地站在别人的起点上时，你就已经非常卓越了。"

人生中最可贵的不是你站得多高，拥有了多少东西，而是你曾放弃过多少东西，能从怎样的痛苦中走出来。

强者之强，不在于内心的坚硬，而在于内心的柔韧。让他们变强的，不是他们能勇敢地与对手硬碰硬，而是他们能在一次次毁灭性的打击下振作起来。

你可能在一生中虚度过很多时光，留下过无数的遗憾。你可能没有考上自己理想的学校，没有获得一份像样的工作；你可能会让父母操心，没有成为一个让他们自豪的小孩……当我们回忆人生中的每一步时，似乎当时都可以有更好的表现或更好的选择，似乎只要能够重来的话，一切就都会不一样。

但亲爱的朋友，事情不是这样的。在你的世界里，你已经做得很好了，甚至已经做到最好了。在同样的环境下，换了任何人都不会比你做得更好。那些所谓的"浪费"和"虚度"全部都是有原因、有意义的，没有人可以毫发无损地度过一生，磕磕碰碰的经历会让人更加强大。

所以，相信我，你已经做得非常好了。

很多时候，暂时的"放弃"反而是另一种坚强，因为这代表着，你可以用更理性和有效的方式，更长远的眼光来面对自己的人生。

我们生在哪里、拥有怎样的家庭、会不会生病等，都不是我们自己能决定的。所以单纯地拿"结果"去跟他人做比较，是毫无道理的，不必着急。

5

一个人的财富可能会离他而去，但是一个人过往的经历会一直陪伴着他。那些经历教会他在这个紧迫的世界之外观察自己的人生；教会他如何快乐并有意义地生活，并且懂得"慢"就是"快"。

如果你曾因为某些烦恼的事情耗费了很多时间，那么不要因此而责怪自己虚度了人生。因为对生命的长度而言，你只是提前用了一些时间，去处理后面的问题。那些看似无用的思索与停滞，就像在夜空中点亮了一颗颗小星星，终将照亮你未来的路。

自卑的背后，可能是你对自己的道德美化

1

我观察过许多自卑的人，包括我自己，从中发现了一个现象：许多人一旦开始变得自卑，就走上了对自己的道德美化之路。

这种道德美化让人变得无比谦和、无私，容易对他人抱有强烈的同情心和同理心。同时，自卑所附带的敏锐的感知力，让他们能够更深刻地理解痛苦，对他人乃至世界抱有一种不可名状的歉意。

"无论如何都不可以去麻烦别人。"

"让给他们就好了,我不配拥有。"

"大家好就可以了,我怎么样都没关系的。"

这类想法的本质,其实是一种自我的道德美化。许多人可能会疑惑:我明明非常自卑,价值感非常低,哪儿来的什么自我道德美化?

事实上,正是因为我们严重地缺乏价值感,所以才要从对自己的道德美化中获得自我认同。

2

我做过许多这样的事情,比如把机会让给别人,想要的东西被送到眼前却亲手推开,满足别人而使自己遭受损失……

当我做这些事情的时候,我以为我是抱着一种自卑的心态。但是许多年后，我逐渐意识到，我之所以这样做，并不是因为我是一个多么无私、道德高尚的人，也不只是因为自卑，而是因为通过这样的方式，我可以获得极大的自我认同感。

心里想着"我不配拥有"，但潜意识里回响的是另一个你假装听不到的、让你感到满足的声音："我是个有着美好心灵的人。"

这就是我们许多人无法挣脱自卑的原因。表面上我们因为自卑错失机会、遭受损失，但是在这个过程中，我们获得了自我认同的满足感。

3

"道德"有时是一个有着美好装饰的陷阱，把你跟自卑紧紧地捆绑在一起。

比如我，这么多年来，我在这个陷阱中得到了什么呢？不断地谦让使我不断贬低自己的价值，逐渐认为自己不配拥有任何东西；不断地牺牲自己的利益给我一种"选择最差结果"的心理暗示……

那种建立在道德上的自我认同，在现代社会里相当脆弱，一旦崩塌，迎来的就是无穷无尽的自我否定。人们为了获得自我认同所表现出的道德，总是伴随一种优于"庸俗的竞争"的错觉，让人不求上进，且无自知之明。

最可怕的一点是，当你开始执迷于道德美化时，你同时开始鄙视和敌视自己的欲望，你逐渐认为满足自己的任何欲望都是可耻的。欲望被压抑对一个人的影响是致命的，长期压抑欲望会让你真的失去欲望，而使生活变得没有动力，一切索然无味，毫无快乐可言。

4

记得有一次,我妈说我有个习惯,就是每次问我要不要什么东西的时候,我如果不想要,就会说:"我不要。"我如果想要,就会不说话,这样她就知道我的想法了。

回忆过往,我惊讶地发现,我几乎从来没有说过"我想要"。时至今日,我竟然从来没有为自己去争取过什么,对什么东西感兴趣也要故意表现出无所谓的样子,喜欢一个人或被人喜欢时都会远远躲开,从不麻烦别人……

一个人自以为是地去追求什么"精神满足",事实却是因为孤僻和懦弱而害怕失败、害怕与人竞争。但是他强烈的自尊心又要求自己不可以输给任何人,所以他选择了另一条路——学会"不在乎"。

毕竟,相比与人相争、被人拒绝和否定带来的不堪,或失败带来的痛苦,降低期望和压抑欲望是最简单的减少伤害的方法了。因此,这样的人就会变得无欲无求——我不和你们接触，不跟你们竞争；我清高，我超然物外，我在我的精神世界里骄傲地对外界不屑一顾。

然而，这一切都不过是他在自卑的窘境下被迫做出的选择。因为他觉得自己不够好，所以对自己苛刻，用圣人的标准严格要求自己。在道德美化的作用下，人永远无法挣脱自卑的心理，只会不断退缩，自我压抑，永远不敢迈出自信的一步。

5

我们若是在精神自满的假象中理所当然地接受懦弱，就会不顾自己去满足别人，就会永远觉得对渴望的东西只是看看就好，就会一直一无所有地躲在自己的角落里。

可是亲爱的朋友，你不能畏惧幸福啊！对自卑的人来说，最需要做的就是承认自己的欲望，说出"我想要"三个字。你要走出自卑,就必须承认你应有的欲望,合理地释放你的欲望,然后满足你的欲望。你喜欢什么的时候,就别再只是态度上百般地表现你的喜欢,行动上却永远期望和等待别人拿给你了,你要学会勇敢地主动争取。

别再敌视你的欲望了,无论是钱,是爱,都不必感到羞耻。

别再说自己不配了,只要你敢,只要你变得更好一点儿,你便值得。

有想要的东西就要想办法得到,有喜欢的人就要主动靠近,有想要做成的事情就要努力去做……你要敢于改变自己,去专注在这个世界最美好的东西上。然后你才能知道,自卑只是一个庞大的影子,为喜欢的事努力原来是一件幸福的事情。

最重要的是,无论结果如何,至少你经历过。这样你才不会后悔——后悔没参与过这个真实的世界。

我们都是"格子"里的人

1

我曾帮助过一个患了严重抑郁症的女孩,那时候她非常不想去学校,可她爸爸不断地逼着她去。我不知道她在学校经历了什么,只是感觉她每一天都过得非常痛苦。由于我们只是网络沟通,当时的我能做的仅仅是倾听和给予一些心理上的支持。

但是突然有一天,她发信息告诉我,她坚持不下去了,已经决定放弃,并且准备了很多药,打算一会儿就吃掉。我吓坏了，不停地打字，发信息劝她；而她只是说要我别管她，她真的坚持不下去了。

她非常坚定，我试了很多种办法都毫无效果。情急之下，我打通了人生中第一个110报警电话。可是因为我没有任何她的具体信息，派出所根本没办法出警。

接着，我打通了她所在城市的报警电话，110报警服务台的接线员又问我具体的区，具体的位置，姓名、电话、身份证……而我对此一无所知。正当我感到绝望的时候，她的态度突然软了下来，问我应该怎么办。我大喜过望，借机要来了她的全部信息，再次报了警。

后来，我做了一个"倾听计划"，恰好到了她所在的城市，最终我们见面了。她笑着对我说，那天如果再晚一会儿，她可能就不在了，感谢我的"救命之恩"。然后她带我逛了她家附近的公园，带我去吃了当地的美食。

一路上，她总是蹦蹦跳跳的，脸上带着笑容，给我讲她这段时间的变化。从那件事之后，她下定决心改变自己，于是搬到了现在的地方，并且找了份工作。她还给我讲了她过去的经历，她喜欢和讨厌的人……

总之，跟过去相比，她就像换了个人似的。我感到一种由内到外的喜悦，由衷地为她高兴。

2

曾经有一个心理实验，内容是让一个非常内向的男生连续几次参加面试，而在等待面试的过程中，实验人员安排几个女生跟他聊天，并且让女生们对他说的每句话都表现得很感兴趣。

几次"面试"过后，男生变得开朗外向，跟人侃侃而谈。这时候大家告诉他，这一切只是实验，那些女生并非真的对他感兴趣。不过即便知道了真相，男生也没有变回从前的内向。

这个世界很大，但是我们的生活圈子很小。我们都像是活在"格子"里的人，并把这小小的"格子"当成整个世界。

一个在幼儿园工作的人，会变得像孩子一样天真可爱，并认为世界是美好而热闹的；一个在生意场上见惯了尔虞我诈的人，会变得异常精明敏锐；一个习惯了孤独自闭的人，会很容易变得悲观厌世……

一些人、一些事、一些经历，决定了我们身处的小小"格子"的底色。如果"格子"里是灰暗的，我们就会觉得整个世界都是灰暗的，并因此对世界产生绝望感。但是如果能把"灰暗格子"里的人换到"光明格子"里体验一段时间，他们可能就会好起来，就像上面那个实验里的男生一样。

一个原本心理健康的人，如果生活在一个充满负能量的"格子"里，就会慢慢被抑郁的情绪淹没，直至心理崩溃。

想象一下，如果你每天都被逼着去做自己不愿意做的事情；每天都接受大量来自外界的否定；每天都被告知背负许多东西，要努力"还债"，不能对不起许多人……即使是一个心理健康的人，也会很快变得对生活绝望。

所以，当你感到绝望时，你要意识到，使你绝望的只是你暂时身处的"灰暗格子"，而不是整个世界。

3

很多人有个坏习惯，就是喜欢将所有的事情进行合理化解释。

比如，当他们因为自卑而害怕与人竞争时，他们就会告诉自己："我品德高尚，能谦让他人。"或者对自己说："我清高超然，不屑与世俗之人计较。"这样做会让他们忘掉自己的懦弱，坦然接受结果。

当他们被父母忽视和冷落时，他们就会告诉自己："父母这样做都是因为我不好，是我太差劲，不值得被爱。"他们之所以这样做，是因为心底仍然希望父母是"好的"。

当他们与人产生分歧时,他们就会下意识地在自己身上找原因,认为一定是自己身上的某些问题触发了这样的结果。

他们面对任何事情,总是需要一个解释,哪怕是一个错误的解释,只要能够将问题合理化。于是,他们的生活被无数谎言勉强支撑着,摇摇欲坠。他们即使一路走到崩溃,也不愿意面对真相。

虽然合理化解释赋予了他们一种韧性和强大的适应力,让他们能在无比恶劣的环境中走得更久更远,但也正是它将他们束缚在痛苦中,使他们努力维持现状,失去了跳出"格子"的可能。

4

一个人用了很长一段时间做一件事情,结果这件事情失败了,令他陷入强烈的痛苦中。接着,他遇到了一个十分喜欢的人，与对方共坠爱河，他又沉浸于强烈的快乐中。后来，他失恋了，再次陷入强烈的痛苦中，可他又找到了更崇高的理想，并投身其中为之努力，重新获得了内心的喜悦。

大多时候，人就是这样被命运左右着，在自己小小的"格子"里笑着、哭着。

只有汹涌强烈的痛苦，才能激发一个人直面真相的勇气，才能使他从旧有的"格子"里走出来，看到更加广阔、真实的世界。

这个世界并不是只有你身边的几个人、几件事和你的几场经历。你可以遇见更多的人，可以有更多的生活方式，经历更多的事情。

在充满绝望的"格子"之外，这世界有着每个人最合适的位置。

孤独的梦魇

1

记得小时候有段时间,我身体弱极了,经常发生梦魇,多的时候一夜三四次。一开始我比较害怕,后来因为习惯了,就完全不在乎了,甚至还当成一种游戏。我会刻意在第一次惊醒后仍然疲倦的状态下入睡,这样很大可能体验到第二次梦魇。那种思维清醒着、身体却失去控制的感觉,很有趣。后来我的体质好了起来,许多年我都没有再出现梦魇。

直到最近,我做了一个很热闹的梦,梦中我回到童年,跟朋友们一起玩耍、一起逛街买好吃的，然后去朋友家打游戏。和朋友们结束愉快的活动之后，我回到家里，忽然没有预兆地摔倒在床上，身体失去控制。

在毫无防备之下，梦中更小些的我完全陷入了恐惧，我把这解释成忽然降临的病魔即将剥夺我的生命。我拼命地挣扎，使出全部力气翻滚身体，努力呼救，但口中只能发出婴儿般尖细的声音。我能感知到家人就在门外走动，于是拼命地制造声音，希望引起他们的注意。我在梦里用尽力气拍打胸口，敲打床头的墙，却只能发出微小的声音。

我想尽各种办法都无法引起家人的注意，以致我确信自己就要死去了。就在那一刻，我醒了，马上恢复了对身体的控制权。

我并没有劫后余生般的庆幸感，反而开始恼怒：我怎么会被多年前就熟悉的梦魇游戏闹得狼狈不堪，丑态尽出？这么多年后，它终于又骗了我一次，那种被死亡笼罩的真实感让我全身发凉。

我陪伴过一些人走向死亡，也跟一些陷入死亡恐惧的人深聊过死亡。我觉得时至今日，我可以对这一话题保持清醒和平静。但是在这场假死的梦魇中，我是如此弱小和胆怯，忽然失去对身体的控制感以及求生的本能，让我如此丑陋地挣扎与呼救。

2

许多年前的我，在现实中也曾有过朋友，我也可以和他们一起开心地玩耍。

梦里的每个细节都是那么真实，真实到我好像可以忘记现实，暂时回到那个年纪。对每一个伙伴，我是那样安心地信任着，没有任何成年人的计较与考虑。那是一种时间倒退、一切可以重新开始的感觉。仿佛我可以像个普通人一样生活——回到学生时代，不再拒绝友情与爱情，参与到群体生活中，轻松地大笑。这些画面就像栩栩如生的海市蜃楼一样，让我迷恋不已。

所以，对人生从不曾认真努力过的我，在意识到将失去这一切时，才会那样恐惧，那样拼命地去挣扎，去祈祷，去渴望有人能来救我。

在我清醒以后，我并无劫后余生的庆幸感，因为得知真相以后，我对死亡的恐惧感已如潮水般退去。

现实就是如此。我的大部分人生是如此空旷寂寥，没有什么人走进来，也没有什么故事，有的只是时时伴随我的清醒感，有的只是像看摆在眼前的电视一样的"看客感"。即便我努力地去面对那些极端的黑暗面，努力地对那些需要帮助的人投入感情和精力，也只能让情绪暂时性地波动。长期作为倾听者的我，却几乎没有向任何人倾诉过。

曾经，我的人生从不曾对现实世界开放，我没有参与感，也难以在这个世界里找到归属感。即便是曾经无限憧憬的爱情，更多的也是一种无关现实的单方面幻想。简单地活着始终是我人生里的首要主题。

我回忆人生里出现过的重要的人，他们无一例外，全部被我主动辜负过,然后彻底离开了我。虽然如今我已经能弥补自身大部分的缺陷,但某些缺陷仿佛永远都无法被补足。

一个人要见识过孤独的真正面目,才能逐渐意识到对群体失去归属感意味着什么,那意味着在人生这场游戏里,他将无法收获任何值得开心和留恋的东西。他即便最终被求生欲驱使着挣扎,也会发现这挣扎毫无意义,因为翻遍了各种联系方式,竟然找不出一个人来救自己。

3

事实上,我过往的生活中有过许多这样的时刻:整个人沉浸在某种情绪中,深信着自己会永远孤独下去,永远不会得到快乐。但是在我走过人生最低谷的时期以后,我已经拥有了与自己辩论的能力,我变得格外清醒,用最基本的逻辑关系更正了这个想法。

"是的,你认为自己是一个异类,是个不能被人理解的怪胎。可是当你写下这些话的时候,不是清楚地表达着想要被人理解的渴望吗?世界这么大,未必没有像你一样奇怪的人,与其这样自怨自怜,不如去认识更多的人,增加交到朋友的机会。"

那一刻,我仿佛听到了钥匙打开锁头时的"啪嗒"声。

在我过往的人生中,我多次放弃眼前的机会,放弃与人竞争,拒绝人们的感情,压抑对任何事情的欲望……我清楚地看到,自己在每一次面临选择的时候,都会掉进某种混乱的状态中,然后放弃自己的决定权。

孤僻与自卑营造出了一种宿命感,这种宿命感像另一种梦魇一样剥夺了我对思维的控制权,让我深信,我就只能这样了——永远孤僻,永远得不到理解,永远是个异类。所以我永远拒绝,永远退缩,永远懦弱。

4

其实真相很简单。

因为自卑,所以害怕拒绝和失败,所以会退缩。因为退缩,所以自我厌恶。因为自我厌恶,所以要为精神寻找额外的支撑点,比如追求高尚的品德,讲究小众的爱好,或者热衷于所谓的美学意境、人生意义。

这样长期孤僻,长期寻求群体外的归属感,就会营造出一种根深蒂固的宿命感。

这种宿命感会时刻提醒你:"不要去尝试,后果会很可怕。""你就只能这样了,千万别去奢望。""你就是个异类,好好把自己藏起来吧。"……然后你会被彻底蛊惑。

为了对抗懦弱、逃避带来的后遗症,你会选择"化被动为主动"和"不同寻常"两个办法来自我美化。每次你有退缩行为的时候,也是你最讨厌自己的时候,因为你必须给自己更多的认同感。

你会不停告诉自己："我退缩是因为我不在意，不屑于与他们竞争。我追求的跟他们不一样，所以我主动退出而已。"

因此，自厌反而会让你更加骄傲和认同自己。这也是许多人骄傲和自卑、自恋与自厌会同时存在的原因。

5

人类历史上，有过许多性格孤僻而成就极高的人。因此，很多人赞扬孤独，并因孤独而感到骄傲。比如传播广泛的那句"要么孤独，要么庸俗"，就将孤独放到了庸俗的对立面。

然而，大师的孤独是主动选择的孤独，是为了在完成自我追求的过程中省下不必要浪费的时间和精力；而另一些人的孤独，则是被动选择的孤独。前者信念坚定，而后者总是在"世界与自我""理想与现实"之间来回摇摆——一段时间自我厌恶，一段时间自我认同。心中的矛盾越叠越高，他们很可能会迎来一次恐怖的精神崩塌。

当你无法承受现实打击的时候，你一直营造的自我认同感就会变成彻底的否定。

最终你不得不承认，你一直以来的坚持，追求的品德，追求的意境，追求的孤独和异于常人……只是你逃避现实的庇护所，都是假的。那种打击是毁灭性的，很可能会让你精神崩溃或者心理扭曲。

我写下这篇文章，是希望能给那些曾经跟我走在"同一条路上"的人一个警示：别再自怨自怜了，相比于获得认同感，"不断改变"才是更好的生命体验。

以前的我说："只希望谁也别认识我，让我一个人躲在一个小地方孤独终老。"

而现在的我会说："和你们在一起真好。"

疏离感

1

　　曾有人对我说过，疏离感是他保护自己的手段。每次在现实世界里受伤时，这种疏离感就会起作用，让他得以后退，暂时跟世界保持距离。

　　还有人对我说过，疏离感让他痛不欲生，好像使他变得对所有的事情永远都冷眼旁观。他即使努力地参与其中，仍然只是一个无法真心投入的机器人，只能照着别人的行为进行僵硬的模仿。

那些拥有疏离感的人好像都是这样，永远跟世界保持着一线距离。任何容易让人沉迷和上瘾的东西，都会让他们感到恐惧。因此，他们同样畏惧一段长期的关系，或者一份长期的工作。

这种疏离感让他们变得非常坚强，因为无论遇到多么痛苦的事情，只要退缩一下就好了，就都无所谓了。但这种疏离感也让他们变得很懦弱，懦弱到连幸福的事情都怕。他们会不断地告诉自己，不要得意忘形地大笑，因为"如果不曾见过太阳，你本可忍受黑暗"。

2

一个人如果从小得到过父母足够的疼爱和支持，能够不断做好自己喜欢的事情，就会变得积极自信。他如果能得到一些"共情能力"的教育，就会善于与人建立亲密关系，与他人融洽相处。

　　一个人如果在被忽视、被否定的环境下长大，就会变得自卑、懦弱。他会被迫把注意力全部放在自己身上，因此逐渐变得"奇怪"，成为群体中的异类。他没体验过人和人之间健康的关系，所以在与人相处时会把一切搞得一团糟，慢慢与群体形成敌对关系，并为了自我支撑去发展一些特殊的兴趣爱好。

　　如何形容这种疏离感呢？

　　当你站在人群中时，你觉得自己是另一种生物。

　　当你的目光扫过人群后，你觉得没有一个人会理解你、在乎你、站在你的身边。

　　当你快要跟人建立一段关系时，那种令你浑身发抖、身处黑暗一般的恐惧感就会袭来。

3

我曾将这种疏离感当作自己与众不同的证明。那时候的我，会一次次地逃跑，逃离学校和家长的管束，跑到离我家不远的城镇，或者跑到山下的老家，住上十天半个月。

我需要不停地"刷机"，让自己一次次恢复空白。我需要始终惯孤独，孤独是我赖以生存的水和空气。

那时候的我爱读太宰治、叔本华的书，整日思考人生的意义。我常常在大雪天一个人坐在山顶，看着山下的楼群、行人和车流，觉得那些认真生活并且沉浸其中的人们都挺可笑的。

"一切都是毫无意义的，人类不过是客观世界发展过程中的'意外'，并不为任何'意义'而存在。"那时候的我是这样想的。

后来我尝试过与一些人建立关系，但是在那些关系中永远都隔着一层什么东西。我学着别人的方式说话做事，露出合适的表情，没有自己的喜怒哀乐。

对那时候的我而言，任何能够表露出真实情绪的动作或者语言，都会让我感到无比尴尬和不适。所以我会把自己想要表达的东西修饰再修饰，然后以一种几乎不被人理解的方式表达出来。

我由最初的不被人理解，慢慢想要成为一个异类，慢慢认为"只有跟所有人都不一样，我才能感受到安全"。

我对一切都不屑一顾，因为我的身上散发着一种虚无感，它让我看到这世界多么无趣。即使所有的愿望都能够实现，我也没有什么想要的东西。

那时候的我，总是面无表情，或者重复一种饱含嘲讽的冷笑。听到人们说着虚伪的客套话，看到人们为了利益互相争抢，我就忍不住笑。

我喜欢深夜，因为深夜路上没有人，就好像我一个人拥有整个世界。我坐在路上唱歌，或者去湖边喂鱼，或者走到漆黑的山脚下，抬头看着星光发呆。那时候我就会觉得，一个人的世界，还是蛮好的。

那时候我写道："一个人之所以强大，是因为没有什么东西会成为他的必需品。"如果有，那就是对孤独的需要吧。

4

我曾无数次地想过，一个像我这样的人，大概会孤独终老，一个人在山下的老家安安静静地过完一生吧。后来，我被现实世界推着往前走，直到我的精神世界崩塌。这一次我的疏离感没能救得了我，毕竟我活在这个现实的世界里，无处可逃。

之后，我被现实逼着成长起来。现实的痛苦越多，我的成长就越快。我就像一部小说里有过奇遇的主角一样，在短短两年时间里发生了翻天覆地的变化——我变成了一个成熟、完整的人。

在那些成长的日子里，我通过帮助他人和自我分析，形成了一套完整的思维模式，它让我得以应对很多问题。我拥有了一种近乎变态般的情绪处理能力，在面对很多事情时，我都能使自己迅速冷静下来，然后以积极的态度去处理问题。

我变得非常了解人性，因为见过和处理过太多人的问题。我记住了太多人的人生，这让我对人类和自己的人生拥有了一种"知天命"般的透视感。

我开始去补偿自己，补足我空缺的过去。我去见很多人，看很多风景，做更多的事。

我去朋友家做客，当我跟他们一起坐在沙发上打游戏的时候，我感到被真实的生活气息包围。那种感觉，非常幸福。

当我以一种成熟的姿态重新参与世界时，一切都比我想象中顺利，我可以不断地处理好事情，处理好一份关系，然后获得正反馈。

5

但"没有问题",好像成了新的问题。当我知道了所有正确答案,并能够付诸实践以后,我好像失去了真正的自己。我的强大给予我一种"无所畏惧"的感觉,而这种感觉则带给我另一种疏离感。我开始珍惜我的所有情绪,包括负面情绪。

曾经的我非常冷漠,永远都不会为任何事情流泪,因为将"虚无"设定为信条的我,会把代表"多愁善感"的流泪当成一种耻辱的行为。而现在的我,开始珍惜我的情绪。当我感到伤心并想要流泪时,我会非常努力地让泪水涌出来,让感情表现出来。

一个人越是了解这个世界的复杂之处,就越会变得简单真实。他不再畏惧真实纯粹的自己被看到,也不再害怕他人的任何看法。

在这个充满疏离感的世界里,愿你能够按照自己的意愿努力前行。别怕不被人理解,别怕痛苦,因为有一天,你可能连痛苦都会珍惜。

Part 2

停止你的灾难化思维

　　身处"主角位"的孩子会被一种全能的自恋感包围。他们会认为自己是全能的主角，所有人都围绕着自己而存在：哭了就有人哄，饿了就有人拿吃的。他们任性、自我，认为一切都应该以自己为中心。

　　而处于"配角位"的孩子，则会整日为自己的生存而发愁。他们会将注意力放在他们需要依赖的人身上，善于察言观色，认为自己随时面临"被遗弃"的危险，所以需要不断讨好别人，让别人满意。

回避型人格是怎么回事

1

你知道什么是回避型人格吗?

想象一下,当你还是个婴儿的时候,因为饥饿、尿裤子或者受到惊吓而哭泣时,你的父母在一边暴跳如雷的场景。他们埋怨你给他们带来麻烦,把他们的生活搞得鸡飞狗跳。他们没有耐心好好照顾你,不会及时地给你喂奶、更换尿布,以及安抚你受到惊吓的心灵。

当你长大一点儿以后,他们总会说这样的话:

"我们为你付出太多了。"

"如果没有你，我们的一切都会变得更好。"

"如果没有你，我们早就离婚了。"

……

当你提出请求时，他们总是坚定地拒绝："我们已经为你付出那么多了，你还敢要更多？"

他们忽视你的感受，忽视你的需求，背后传递出的信息是：你不值得。

当你在学校跟人打架时，不论错在不在你，他们都会教训你，因为你给他们添麻烦了。

当你因为遭遇不公而表现出愤怒时，他们会因为你的愤怒而变得更加愤怒："小孩子懂什么？有什么好生气的？你是不是又欠揍了？"于是，你的愤怒被他们的愤怒压了下去。

这样的你，没有体验过父母足够的爱，没有从他人那里得到过理解和善意。在你的心中，世界是无比危险的，没有任何人能帮助你，没有任何人能给你依靠。甚至你会感觉到，自己做什么都是没有用的：你提出要求，没有用；你寻求帮助，没有用；你表达情绪，没有用。

你认为这个世界是恐怖的、充满了危险的，它不会因为你的拼命挣扎而有一丝丝改变。你唯一能做的就是回避。于是你将自己封闭起来，对外界的一切都保持怀疑，甚至是敌意。

2

你开始压抑自己的欲望，因为你认为自己不值得，不配拥有任何东西。

每当你想要一样东西，想做成一件事情，或者喜欢上一个人，就会马上退缩、自我否定，甚至自我攻击。你不会承认自己的欲望，只会敌视它，认为自己"想要什么"的想法是非常可耻的。即使把你最想要的东西放在眼前，你也不敢伸手去拿，就像那句流传很广的话所说的："胆小鬼连幸福都怕。"

你开始压抑自己的情绪，因为情绪对你并没有任何作用，你的喜怒哀乐无人关心。

于是你对情感变得麻木，你无法理解他人，更无法认识自己；你缺少共情能力，甚至面对自己时，都像一个冷血的旁观者。所以当你有了任何情绪时，你会下意识地将它们全部压抑住。可这些被压抑的情绪会让你对生活失去参与感，还会让你变得愤世嫉俗，充满负能量。

3

久而久之，你变得孤独，甚至将孤独看作正常的生活状态。你对他人、对外界全都漠不关心，只在意自己的小圈子；你讨厌与人合作或者竞争，不屑于与人争论是非，你认为自己是独特的那一个。

渐渐地,你开始与现实世界脱节,把小众的东西作为自己的精神寄托,比如掌握一个冷门而高雅的爱好,或者学习一些高深晦涩的知识等。但这些都不会使你变好。你身处现实的环境,总会被现实拉回去锤炼,反复再反复,直到你彻底否定自己,并将自己的精神寄托贬低到一文不值为止。

你如果能在崩溃后重新站起来,就可能会尝试让自己多参与社交。但是一切对你都太难了,你只能像机器人一样模拟他人,按照设定好的情绪,做出应该有的表情。即便一切顺利,你也只能拥有一种简单的能力——保持与普通朋友的普通关系。因为人与人之间正常的亲密关系,是你从未体验过的,所以每当你想要更进一步,马上就会出大问题,让对方感到不适。

4

人，总会把最熟悉的选项当作最安全的，哪怕它是一个不完美的选项。因此，在爱情上，你大概会寻找一个像父母一样的伴侣——他（她）是不完美的，但对你而言，他（她）是对的。

在这段关系中，你不断地受到伤害，却难以割舍这份感情，直到自己遍体鳞伤。可怕的是，你会觉得对方的所作所为都是有原因的，是你有错在先。你能清楚地意识到自己的感情，却无法清晰地表达出来。

"我喜欢你。"

"我想你。"

"我很在意你。"

……

这些亲密关系中最普通的情感表达，都会让你感到无比羞耻。甚至看到爱情电影中男女主角的拥抱、亲吻，你都会有一种想逃开的冲动。

你会被伴侣指责和抱怨：

"为什么你这么冷漠？"

"你的心是石头做的吗？"

"我觉得我们之间的关系一直很远。"

……

你很想享受这一切，可是你没办法在一份亲密关系中放松。朋友之间亲切地交谈、大笑，情侣之间热情地拥抱、亲吻，对你来说是遥不可及的。仿佛他人是布满了海市蜃楼的地狱，你越被虚幻的美好牵引，遭受的痛苦就会越多。

你对人与人之间的冲突格外敏感，能强烈地感受到别人对你的指责。面对指责，你会迅速进入一种应激状态。因为你心中没有安全感，所以稍一遭受攻击，便会全面放大，全力自保，迅速逃避。

儿时经历造成的习得性无助，会把如今已经长大、变得强壮的你，拉回那个无助的过去。你会大脑一片空白，像一头在草原上落单的小鹿一样恐惧；你会破罐子破摔，一次又一次地把关系搞砸，然后告诉自己："我可能注定就是孤独的。"既自卑又骄傲。

所谓亲密关系，不过是普通人再普通不过的日常生活的一部分，于你却是还不完债的无底洞。你愤世嫉俗，对人类充满怀疑与敌意；你高度敏感，很难和他人相处：你是人群中的怪物和异类……

5

可是，你并没有错啊，换成另一个人，也不会比你做得更好。你能在这样的人生中依然相信未来，尝试着去改变自己，已经很了不起了。

那些不好的东西都是环境带给你的，要是任由它们推着你走，你只会成为它们中的一部分。你如果让糟糕的性格延续，就会重复糟糕的亲密关系，还会将糟糕的生命体验传给下一代，成为你所讨厌的东西的支持者。

当你明白为什么自己会变成现在这样，你就会开始心疼自己，原谅自己。你应该保持学习和成长，这样会让你清晰、客观地看待自己；你应该去帮助他人，这会带给你价值感和参与感；你应该认识更多的人，克服你的社交恐惧，一次次重复地体验人与人之间的健康关系。

如此，你会收到来自他人的感谢和赞美，并且大方地接纳；你会勇敢地对一个人说"我喜欢你"，并且不再感到羞耻；你会不再逃避，面对攻击，勇敢地还击，无论对手是谁；你会拥有一段真正的亲密关系，它可能并不如你想象中那么完美，但你终于意识到：轻松舒适的关系才最可贵……

你会比普通人更珍惜这一切，因为你是从"地狱"一步步走上来的。

你不再愤世嫉俗，对世界有了更多的期待与信心。

你不再冷漠，对他人有了更多的同理心。

痛苦进入身体，便统统熬成了温柔。你能感受到这份温柔吗？如果你拥有痛苦的过去，那么请将你的左手放在右肩上，将右手放在左肩上，替我抱抱你吧。

如何摆脱讨好型人格

1

一直以来，很多朋友和我谈起过一些关于讨好型人格的问题。

比如，一位朋友跟我谈到她被父母安排到亲戚的公司工作。她说在那里过得非常痛苦，面对巨大的压力、无端的指责和辛苦的工作，她虽然几度快要崩溃，但还是强撑着去努力地满足公司的各种要求。

我问她："你有没有考虑过离开那里，或者多跟父母交流一下你的真实想法？"

她说："不可以的。我不能让他们失望，不能给他们添麻烦。"

另一位朋友跟我谈到他总是无法拒绝别人的要求。有一次同事找他调班，他明明已经有自己的安排了，但因为不想伤了感情，索性就答应了。之后，他非常后悔，觉得自己本应该拒绝的。但他明白，他即使这次想清楚了，等到下次被人求助时，还是无法拒绝别人，依然会下意识地说："没事的，反正我也没什么事。"

类似这样的事，也发生在许多找我咨询的人身上，并且他们中的大多数都会补充一句："我知道我是讨好型人格。"

为什么他们明明知道自己是讨好型人格，却无法改变呢？

2

网上有许多关于讨好型人格的文章,这些文章会列出一些典型的特点,如上面事例中存在的不懂拒绝、主动讨好别人等。很多人觉得自己符合这些特点,就给自己贴上了讨好型人格的标签。

"为什么我明明知道该怎么做,一旦面对别人的请求,就无法拒绝呢?"

我想告诉你:"决定你选择的,更多的是你的经验,而非知识、道理。"

就像电影《后会无期》中的那句经典台词说的一样:"从小听了很多大道理,可依旧过不好我的生活。"即使你知道了很多知识、道理,它们依然无法真正地指导和改变你。因为这些知识和道理不是你亲身经历的,很难成为你的一部分。

也许有的朋友会问:"那我们岂不是一直明知故犯,永远无法改变了吗？学习这些知识和道理还有什么用？"

实际上，知识和道理虽然很难直接地作用于我们的生活，但可以提供给我们更多观察自己和世界的视角。

比如在处理问题时，很多人都会这样想："我发现问题，然后去寻找解决它的手段就好了。如果我没有成功，那就说明这个手段不好用，这个问题很难解决。"

这个时候我们可以换一个角度，反过来思考：为什么这个问题无法被解决？为什么我们无法改变自己的讨好型人格？

因为你自己不愿意改变。

这就如同抛硬币一样，人们总是在无法做出选择的时候，用抛硬币这种方法来做决定。有句话是这么说的："当你抛出硬币时，你心中已经有了答案。"

没错，无论硬币是正面还是背面，你都会跟随自己内心的想法去做选择。所以，当你面临那些事情的时候，你主动选择了做一个讨好型人格的人。

看到这里你可能会吐槽："开什么玩笑，我明明很讨厌它，非常想改变它，怎么可能会主动选择它？"

原谅我的啰唆，我想把这句话再强调一遍："决定你选择的，更多的是你的经验，而非知识、道理。"

请你记住，你个人的主观喜好，并不能完全决定你的选择。因为你本人，并不能客观地、完整地看清自己。

让我们再举一个例子。某一天当别人要求你帮忙时，你虽然很为难，但是仍然接受了，并为对方办完了这件事。做这件事的时候，你虽然很辛苦，但是会想："没关系，礼尚往来嘛，我帮了别人，别人也会帮我……"

看到了吗？你忽视了什么？是的，你自己主动合理化了讨好型人格。

当你向自己解释的时候，你不会意识到"解释"这个行为是你的经验强塞给你的选择，你会认为这是你自己的主动选择。

为什么会这样？

下面我将通过两个事例，试着带你追溯讨好型人格形成的根源。

3

从前，有个小女孩被寄养在亲戚家。因为见不到父母，所以她总是哭。但是亲戚不喜欢她哭，她一哭，他们就凶她，这样她哭得就更厉害了。

终于有一天，她好像知道了哭是没有用的，于是她再也不哭了。相反，她变得很懂事，亲戚让她做什么她就做什么，从来都不会拒绝和反抗。

因为从她决定不再哭的那天起，她就明白了一件事：我的身边没有一个安全的地方，没有一个可以安慰自己的人，没有一个人无条件地爱我，所以哭是没用的，我没有资格任性。

她的心中出现了一个难以愈合的伤口，这个伤口让她无法信任他人，并带给她强烈的不安全感。这种不安全感给予她一个信息：我只有满足周围的人，才是安全的，因为我需要他们，所以我必须顺从他们。不然我可能会面临可怕的冲突、惩罚，甚至被抛弃，饿死在外面。

所以，直到她长大，能够独立生活了，她还是唯恐自己不能让周围的人满意。

每次面对别人的请求，她心里总会出现一个无比焦虑、担惊受怕的声音："千万不要拒绝啊，否则你会倒霉的。"于是她一下子变回那个无力的小女孩，并在潜意识中认为这是一件非常重要的事情，拒绝它的后果自己万万不能承受。

4

让我们再来看看一个小男孩的故事。

他遭遇了欺凌，几个高年级的孩子把他堵在墙角拳打脚踢。在被打的时候，他看起来害怕极了，缩在墙角紧紧地抱着自己。他不敢还手，他知道自己打不过他们，所以他除了抱住自己什么都做不了。最终，他只能哇的一声大哭。这几个高年级的孩子看他哭了，害怕把事情闹大，就离开了。

等到男孩长大后，他一直努力让自己变得更强大些。但是无论他取得什么样的成绩，内心都是自卑的，在面对一些机会和竞争时，他常常会主动退出。

面对感情，他会因为害怕遭到拒绝，而避免所有的开始。尽管他已经让自己看上去，并且就客观来说，足够像个大人一样强大了，但那个被高年级学生欺凌的小孩始终活在他的心里。

一旦他面临选择，那个面对攻击却没有任何办法反抗的小男孩就会跑出来，让他再次陷入焦虑，让他觉得自己面对现实没有任何办法，让他觉得自己完全承受不了失败的后果。

5

身处"主角位"的孩子会被一种全能的自恋感包围。他们会认为自己是全能的主角，所有人都围绕着自己而存在：

哭了就有人哄，饿了就有人拿吃的。他们任性、自我，认为一切都应该以自己为中心。

而处于"配角位"的孩子，则会整日为自己的生存而发愁。他们会将注意力放在他们需要依赖的人身上，善于察言观色，认为自己随时面临"被遗弃"的危险，所以需要不断讨好别人，让别人满意。

当一个人从小就是生活中的"配角"时，他便会因为自身的脆弱无力而时时恐惧。所以他习惯了主动示弱（就像小时候挨打时大声哭出来一样），主动赞扬对手、贬低自己，主动逃避和退出，以避免冲突。

讨好型人格的人之所以看不到问题，是因为他们长期处于焦虑、难过等负面情绪中，逐渐形成一种强迫性驱动力，即在面临一些相似的事情时，就会强迫自己做出相应的回应或者出现相应的情绪。

虽然你对那些无理要求非常不爽，但当你面临选择时，身体会下意识地进入应激状态，你心底的"小孩"就会被唤醒，跑出来让你陷入焦虑，你会认为拒绝对方的结果很可怕，自己不能承受，于是你只能选择"讨好"。

此外，你压抑了自己对对方的敌意，这些敌意再次转化为焦虑，而焦虑留在自己身体里折磨自己，你必须为它们寻找出口。于是它们一部分被投射在了外部世界（比如你莫名讨厌某些东西，或者突然恐高、怕水，或者连续做噩梦，等等），并且很难被你察觉，而另一部分则变成对自己的厌恶，或者以"合理化"的方式解决了。

一般来说，讨好型人格的人都很无私，具有牺牲精神。他们在生活中表现出来的宽容大方、善解人意，都是真实的，但是他们的出发点往往是：将问题"合理化"；获得自我认同；逃避冲突；可以不用被暴露在危险的情境中。

当讨好型人格控制我们时，我们一方面要清醒地看到自己。

你可以告诉自己：现在是我内心的"小孩"控制了我的感受，事实并没有想象的那么糟糕。而我必须重新客观地去衡量它的结果，看看我是否真的不能承受。

当你因为焦虑最终还是选择了"讨好"，你可以告诉自己：没关系，改变经验造成的影响是一件长期的事情，我已经看到它了，一切都会变得越来越好的。而现在，在我没有足够力量面对它之前，我必须接受它，而不是继续欺骗自己或者逃避它。

另一方面，我们要学会从自我"合理化"中走出来。我们不要因为自卑，因为身处"配角位"，就让自己沉迷于牺牲自我、满足他人的奖励游戏，不要为了"被需要"而让自己变成"附属品"。

6

很多问题都是以"强迫性重复+合理化"的组合形式融入我们的生活的，以至于我们甘愿给自己系上锁链。讨好型人格的人，必须在理性上完全认清自己对讨好行为虚拟的美化。拥有伤害他人的能力，并不意味着你需要这样做；但没有保护自己的能力,则意味着你可能被任何人伤害。

改变讨好型人格,你可以选择做以下几件事:

(1)做一些简单粗暴的对抗性运动

比如自由搏击。当你穿好护具和对方走进八角笼,置身于动物生死相搏般的处境时,你会犹豫、恐惧、不敢出拳、收力。等对方的拳头一次次打在你的脸上时,你会闭上眼睛、想逃跑,但是你的肾上腺素会飙升,你的心脏会狂跳,你会颤抖着出拳反击,由试探直到癫狂。

当你终于将拳头狠狠打在对方脸上,并且体会过战斗后跟对手友好碰拳的感受后,很多事情开始变得不一样:你不会轻易地被讨厌;每个人的安全区远比你想象的大。这些直观的感受会像"暴露疗法"一样简单粗暴地改变你。

(2)恢复对自己的知觉

讨好型人格的人往往会在观察他人的过程中屏蔽自己,他们认为自己的喜好和条件都是"麻烦",所以为了不给人添麻烦，才逐渐屏蔽了自己，直到变得麻木，失去了对世界和自我的知觉。

所以你要做的重点是将注意力移回自己身上，甚至可以暂时停止与他人交往。就像失去过味觉的人重新开始品尝食物，感受酸甜苦辣一样，你需要从基础的身体感受开始，比如饿了要吃东西，困了要睡觉，捕捉自己当下的情绪，发现自己的兴趣爱好，细心全面地了解自己。

（3）重建安全感

在人际关系中受到的伤害，往往使人容易进入一种恶性循环：糟糕的体验导致错误的认知，错误的认知再次导致现实的不幸，这种不幸又导致对错误认知的深信不疑。

所谓重建安全感，就是用一种新的经验感受覆盖那些旧的经验感受，从而扭转旧的思维方式。我们常常对"关系"乃至"爱"产生一种虚幻的误解，认为一个缺爱的人想要改变，就要得到他人百分之百的、无条件的爱，这样才能弥补他内心的缺口，使他恢复自信。

但事实上,一个人想要建立真正的安全感,首先要抛弃对于美好的爱的虚幻想象,然后要从自我、生活、人际等方面进行思考和训练,获得更多维度的掌控感。

重建安全感,就像堆积木一样,一层层地叠加上去。一个人有自己完整的世界观,有自己的理想,有自己的好友和亲密关系,有自己同好的群体和社会支持……这些东西叠加起来,就会成为坚不可摧的堡垒,让他即使遭受挫折也不会失去安全感,这比虚幻缥缈的"完美的爱"靠谱得多。

作为讨好型人格的人,你即使无法从外界得到帮助,也可以选择成为自己的老师,不断学习和成长,最终体会到"将打乱的人生逐渐理顺"的乐趣。

如何走出社交恐惧

1

克服社交恐惧是一件非常爽的事情。

我清楚地记得,有一次我参加一个活动,轮到我讲话时,我脑袋一片空白,手心全是汗,脸像着了火一样烧着,极其尴尬。

忽然,我耳边好像有个声音告诉我:"从此以后不论经历任何事情,我都不再可能会落入这种恐慌尴尬到手足无措的状态了。"

下一刻，身边的一切仿佛都与我无关了，我整个人瞬间放松到几乎感受不到自己的状态，全程微笑着，很自然地完成了发言。

之后我走过许多个城市，在每个城市都见了许多未曾谋面的人。我虽然在与人相处上还有些生疏和拘谨，但是在和每个人相处交流之后，都留下了一段愉快的体验，并交到了几个很好的朋友。

当我回顾自己的经历时，我首先注意到的是：为什么我的社交能力这么差？作为群居性动物的人类，我为什么会对社交感到恐惧？

我想，很多人之所以会对社交感到恐惧，是因为一切都是未知的，而最可怕的东西正来自未知。

社交恐惧者在与人交往时，仿佛置身于一片充满危险的迷雾中，以至于他们充满恐惧，如履薄冰。因此他们永远都是被动的，对他们而言，积极主动意味着冒险，意味着可能被无法想象的东西毁灭。

于是，他们会在与人交往的过程中表现得极其被动，会对对方的一言一行过分解读，会用想象的方式替对方看低自己。

"他怎么不说话了？他一定是讨厌我了，跟我说话一定非常无聊。"

"我这种人怎么能接受这种好意呢？我不配。"

"还是不要给别人添麻烦了，我满身负能量，一定让人讨厌。"

……

他们用自己的低自尊标准配合想象，判断对方一定会讨厌自己。若是最后确定对方真的讨厌自己，他们就会觉得自己的感觉果然完全正确，会变得更加被动。

如此循环往复，到最后，每当有人搭话，他们都会觉得"大难临头"，迫切地想要逃离。

2

曾经的我，就是一个社交恐惧者，并且深信独处是自己最好的生活模式。

我看到过去的自己一次次在类似的困境中手足无措，在一片未知的黑暗里吓得不敢动弹。自从那次在活动上成功发言之后，我变得勇敢了许多。

渐渐地，一切都清晰明亮了起来，我学会将在场的人分为几类，并分别模拟每类人，用他们的视角看待自己。

他们会以怎样的态度看待我？他们大致会怎样想我，会不会忽视我？他们对我的看法会受我的哪些行为影响呢？

一切都变得清晰，可掌控，我还有什么要畏惧的呢？

我忽然发现，我们一直以来恐惧的不是那片未知的黑暗本身，而是我们身处未知黑暗中的感受。

也就是说，我们害怕的并不是任何具体的东西，而是面对未知时自己的感受。当面对未知的事物时，我们都会感到紧张和害怕，这些情绪是我们身体发出的警报，能够保护我们、帮助我们渡过难关。

可是，我们如果每次都因为对未知的恐惧而选择退缩，就永远无法认识到未知背后的真相。

我们如果能看到一次未知背后的真相，当我们下一次身处未知的恐惧中时，就不会再手足无措了。

你见到一个陌生人，不知道对方的性格。

你去一个陌生的场所，不知道那里的规矩。

你被要求去做一件从没做过的事情，不知道自己能不能做好。

……

我们不是要锻炼得对任何事情都不紧张、不害怕，而是要敢于挑战身处未知之境时恐惧的自己。如果一个怕水的人学会了游泳，他也就战胜了恐惧。

第一次经历梦魇的时候，我陷入巨大的恐惧中。而第二次我会提醒自己，过一会儿就好了。

我知道，当我以后再次面对陌生的人或事物时，可能还会感到焦虑和恐慌；但是我也知道，焦虑和恐慌过后，并不会真的有什么恐怖的事情发生。我只要接受自己的情绪，然后正视它，那些未知的一切就会逐渐露出它们的真面目。

3

总之，社交恐惧是因为害怕未知。当我们处于紧张和害怕的情绪中时，我们就将自己的注意力全都集中在了自己身上，从而严重地降低了自己理解他人的能力。

你逐渐变得过分关注自己，缺少对他人的共情能力。你在与他人交往的过程中，往往对自己的表现吹毛求疵，而对对方的了解则完全基于想象。于是他人即是充满恐惧的未知，这样的未知以你自己设定的高标准时刻审视着你，并在你的想象世界中批评你、厌恶你、嫌弃你……

如果我们能够去了解他人，逐渐弄清楚他们的想法、性格、行为习惯,那么这类人都将不再可怕。

假如你去服装店里买衣服,你会感到紧张和尴尬:你想让店员不要一直跟着你,却不好意思直说;你会想店员会不会觉得你很"磨叽";你会想试了很多都没有合适的,不买会不会很尴尬;你想砍价,但不好意思开口……

改变这种情况最好的办法,就是你亲自去当几天导购员。当你面对过不同的顾客和不同的情况后,一切都会变得简单。当你以后再去买衣服的时候,你就会发现自己对店员脑袋里的想法一清二楚,在这种情况下,你基本上不会尴尬。

因此,在与人交往的过程中,你要学会用对方的视角去理解他的想法,如此,面对任何人,你都能够找到合适的相处模式。

4

我曾经是一个重度"社交恐惧症"患者,而我的改变从我变成一个"倾听者"开始。

在过去一年多的时间里,我倾听过无数人对我的倾诉。我逐渐了解了不同的人是怎样看待事物的,甚至从一些跟自己个性相似的人身上,我重新认识了自己。

后来当我真正走出家门,面对面跟人交谈时,当我就要像过去一样开始恐慌时,我忽然发现我能在与对方交往的过程中感受到对方的感受,并且知道怎样与对方建立一份关系,再将这份关系向好的方向引导。这对于曾经孤僻、被动的我来说,是一件非常开心并有成就感的事情。

一般而言,人们对浅层关系会无所谓,而对建立一段更深层的关系容易感到紧张。对普通人之间的问候、寒暄,人们可以做到礼貌应付,但是关系若要再进一步,就会感到紧张和不安。

很多人之所以对他人如此戒备，一方面源于过去一些失败关系里的"负向体验"，另一方面则源于对自己的不接纳。他们因为不喜欢、不接纳自己，所以更怕被别人看到这样的自己，于是理所当然地认为："认识我的人当然都会讨厌我。"当一个人想象自己在被人讨厌时，他就会在社交关系中变得被动，直到让对方真的讨厌他，然后告诉自己："我的判断是准确的。"

5

很多时候，我们和他人之间最大的障碍，来自我们对自己的偏见和误解。比如，有一次，一位朋友在与我聊天的过程中不断地向我道歉，并表示会尽可能减少打扰我的次数。但事实上，我并没有感觉到跟他聊天有被打扰到。相反，我觉得我们聊得很有意思，对很多问题的讨论给我带来了一些思考和启发。所以我当场表示很乐意跟他交流，想用这种主动示好的方式纠正对方对我的想象。

我建议所有自卑的朋友去参加一些公益活动。起初，当你听到一些感谢和夸奖的话时，你可能会感到非常羞愧和尴尬。但是当你经常得到一些非常真诚的感谢以后，你会逐渐意识到，"我正被别人喜欢着"是客观事实，不必推托和感到羞耻。你完全可以接受别人的好意，甚至你也可以喜欢这样的自己。

当你勇敢地推开门走出去以后，你会发现自己遇到的人大都是那么真诚、善良，你值得拥有你拥有的一切，你值得被爱。

终有一天，你会认识到一个事实：这个世界上对你最苛刻的人，原来是你自己。

愧疚是最大的负能量

1

你是否很容易对人感觉到愧疚？

比如，你没有做好一件事情，就会觉得自己很没用，会攻击自己，会觉得自己对不起很多人。或者一件很多人参与的事情没有往好的方向发展，你也会觉得这都是自己的错。

你是否从来都不愿意主动麻烦别人？

比如，所有的事情都尽可能自己完成，你一旦得到别人的帮助，就会时刻感觉亏欠对方，觉得自己连累了别人，给别人增添了许多麻烦。

　　曾经我也是这样一个容易愧疚的人，但是一直都没有人告诉过我这样的过度愧疚是不对的，是不健康的。直到后来，我在书上和许多人的经历中，才慢慢了解到自己过度愧疚的根源。

2

　　愧疚其实是自卑的一种表现。一个人如果在婴儿及童年阶段没有得到父母的支持、鼓励以及无条件的爱，就会缺乏心理安全感，怀疑自己是否值得被爱。而这种安全感的缺失和对自己的怀疑将使他变得胆小、懦弱，时刻害怕被抛弃和被讨厌。

　　在这类人眼中，一个人能够被别人爱是有条件的，所以他们必须要求自己满足那些条件。比如，很多父母习惯给孩子制造压力，他们总是将"别人家的孩子如何如何"挂在嘴上，结果就会使孩子觉得"爸爸妈妈更喜欢别人家的孩子，我什么都做不好，真是太没用了，我不配得到他们的爱"，于是产生愧疚感。

还有一些父母把夫妻之间的问题带到孩子身上，比如吵架的时候让孩子传话，逼迫孩子在两人之间做出选择，或者对孩子说："要不是为了你，我们早就……""我为你付出了……"

这些言行无疑会让孩子承受过重的压力，使孩子感觉什么都是自己的错。

一个人在童年时期是缺乏判断力和防御能力的，只能选择相信父母。当他遭到父母的批评和不公平对待时，他只能认为"我之所以被这样对待，是因为我不够好"，由此产生愧疚，甚至他可能会站在父母的立场上，和他们一起攻击自己。

3

主持人马东在综艺节目《奇葩大会》中提到这样一句话："愧疚是最大的负能量。"

我很赞同这句话。因为愧疚是没有出口的，一个习惯愧疚的人，常常觉得自己应该受到惩罚，于是不停地伤害和攻击自己。我们"得偿所愿"地感受着痛苦和难过，这些痛苦和难过又转化为更强大的负能量，让我们变得更加愧疚，促使我们更用力地伤害自己。

因此，这是一个没有出口的恶性循环。我们如果长期被这样的愧疚感折磨，就会变得更加焦虑，更加孤僻。我们的行动能力以及社交能力被严重降低，甚至我们可能掉进抑郁的深渊。

那么如何才能跳出过度愧疚的恶性循环呢？

我们首先得认识到自己的过度愧疚。习惯过度愧疚的人，往往非常好相处。他们容易为了博得别人的喜爱，而努力把自己变得完美；他们容易讨好别人，尽可能地满足别人的要求；他们很温柔，不愿给别人添麻烦，凡事喜欢为别人着想……但是当他们感到痛苦的时候，他们就会把自己关起来，选择一个人默默承受。

　　正因为他们"好相处"，又善于将"不完美的自己"隐藏起来，所以他们的过度愧疚不会被人看到，也不会有人告诉他们这样做是不对的。于是，他们一直把过度愧疚视作理所应当。

4

　　我们知道过度愧疚是一种消极的心理机制后，还应该了解它的具体问题是什么，并且予以反驳。下面我整理了八种常见的过度愧疚的类型，以及对应的反驳方式：

(1)贴标签

普通人做错一件事或者没做好一件事,可能会想办法补救,或者重来一遍,也可能干脆置之不理。但是一个习惯愧疚的人会转而攻击自己,他们通常会给自己贴一些标签:"笨蛋""废物""一无是处""糟糕透顶",等等。

反驳:当我们给自己贴上了一个标签,这个标签就会成为一个"原因",所有事情的结果都可以用它来解释,这样就会使我们永远无法改变它了。人人都会犯错或失败,我们不能因为自己的某些错误或失败就着急给自己下定义,人是可以成长和改变的,错误或失败也是可以弥补的。

(2)放大责任

正常情况下,一个人摔碎了一个杯子,只要把碎片收拾了就好了。但是习惯愧疚的人会把这样一件小事无限地放大,他们会感到无措,会痛苦,会怪罪自己什么都做不好。

反驳:放大自己的责任毫无道理,我们不需要承担超出问题本身的责任。

(3) 叠加

他们一旦做错了一件事,就会把以前做错的事情全部翻出来,将错误不断地叠加,然后全部压到自己身上。

反驳:我们只要面对当下正在做的事情就好了,牵扯以往的问题对于解决这件事情毫无帮助。

(4) 错在自己

不论发生什么事情,他们都会习惯性地认为是自己的错。大家一起做一件事,如果失败了,他们会认为都是自己的错;别人无故地攻击他们,他们也会认为是自己的错。

反驳:许多事情并不是我们所能决定的,不顺利的原因也并不在于我们。

(5) 把愧疚当成动力

他们会习惯把这种"自我攻击"当成督促自己前进的动力,认为只要凶恶地骂醒自己,自己就可以变得更好。

反驳:通过愧疚去逼着自己做事情,只会使自己过度焦虑，这样反而无法把事情做好。

（6）对失败无法释怀

因为过去的失败，他们对任何事情都不抱有期望。比如高考没发挥好，他们就会持续愧疚，会不断地提醒自己很失败，最终导致自己走上一条无望的下坡路。

反驳：学习和成长是终身的事，我们只要不放弃，就有机会成为优秀的人。

（7）过度比较

他们总是拿身边的或者网上的成功人士与自己做比较，或者拿别人的长处与自己的短处做比较，以证明自己多么差劲，然后再为自己的无能而愧疚。

反驳：每个人的起点和标准都是不同的，我们只要跟自己比较就好了。

（8）完美主义

他们对任何事情都有极高的标准，同时对自己有极低的容忍度，经常因为一点儿小差错而愧疚自责。

反驳：世界上不存在任何完美的事物，我们不应该对自己太过苛责。

以上八种典型的过度愧疚类型，"中枪"的朋友可以熟记，当自己再次陷入这样的情绪中时，想到它们并及时反驳。

一开始你可能无法立刻做到应对自如，但是你可以在任意一种类型的过度愧疚发生后将它记在心里，过后再对照着前边的反驳方式跟自己讲道理。这样经过一段时间的练习后，你就会拥有战胜愧疚的能力。

在这种时刻，请停止思考

1

思考是一件非常重要且有意义的事情，人们需要通过思考来不断认识自己和世界，完成一次次蜕变。但是当你处于重度抑郁、极度悲伤和痛苦，或者巨大压力之下的时候，请停止思考。

因为在这种情况下，你的注意力会彻底失控，让你掉进负面的思维中无法自拔，进行自以为是的"思考"。你会试图通过努力思考去把事情"想清楚"或者"解决好"。可你越是挣扎，距离负面情绪的出口就会越来越远。

你的人生中发生了一件让你极度痛苦的事情。虽然这件事情已经过去了，但是它的影响还在，使你感受到强烈的痛苦和巨大的压力。你越是痛苦，就越是想改变这一切。于是你忍不住开始思考，因为"思考"让你觉得自己正在改变。但与此同时，你的注意力便嗖的一下脱离了你的控制，跑到过去，跑到那件让你痛苦的事情上。

"为什么我身上会发生这样的事情，为什么是我？"

"如果我当初……是不是事情就不会这样了？"

"之所以发生这样的事情，都是因为我不够好，我太差劲了！"

……

你的思考首先会变得感性化，你会在负面情绪的驱动下开始自怨自怜，为事情寻找根本不存在的原因，被焦虑和悔恨重复地折磨。

接着，你的注意力又会嗖的一下跑向未来，你会渐渐陷入一种灾难化思维中。你觉得这件事会在将来一直对你产生影响，让你永远好不起来；你会一遍一遍地想象很多恐怖的事情不断发生在自己身上，然后深陷绝望不能自拔。

你试图不去想那件事，但这种努力反而让你不得不去注意它，你会不受控地在现实生活中寻找与其相关的事物——这也是为什么一个人在悲伤的时候会去阅读那些主题悲观的书，听旋律哀伤的歌曲，自虐般地重复想、重复看那些让其痛苦的东西。因为你的注意力在寻找那份痛苦的复制品，让你从中感受到共鸣。

2

为什么人在抑郁症严重的时候，会连不开心的情绪都没有，只剩下一种疲惫和麻木的感觉？

那是因为不受控的注意力一直在消耗着你的精力：那些对悲观、绝望、焦虑等情绪的过度关注，让你的内耗从未停过，直到把你的精力完全耗尽。于是你便连不开心和悲观的力气都没有了。

在这种时候，我们最需要做的就是好好接受心理治疗，停止无意义的思考，让精力缓缓地恢复。

一般而言，我们恢复一些精力以后，又会开始不受控地胡思乱想。

那么如何才能做到"停止思考"呢？你既不要纠结过去，也不要恐惧未来，只需要关注当下，不做任何评价、不带任何情绪地将注意力放在最简单的事情上。

比如吃苹果这件小事。一个苹果放在你面前，你首先需要将注意力放在它的外观上，观察它的颜色和形状；接着你伸手将它拿起来，将注意力转移到你的手上，感受它的重量和质感；然后你将它放到鼻子边，用嗅觉去感受它的香味；最后你张开嘴一口咬下去，一边听着咀嚼时发出的"沙沙"的声音，一边感受牙齿与果肉的摩擦。此时苹果的清香在你口中扩散开来，你感受到果肉经过你的喉咙、食管，最后到达胃部的全过程。

3

在"只关注当下"这个过程中,只有"此时此刻"和你眼前最简单的事情。如果感到自己"溜号",你也不要责备自己,只需默默地将注意力"抓回来"就好。

你可以随时使用这个方法,可以是吃苹果,可以是穿衣服,可以是扫地,也可以是呼吸。当你连续每天重复使用这个方法后,你无法集中的注意力就会变得可控起来。

接下来你可以升级你的训练。你可以试着用注意力扫描自己的全身,从脚趾一直到头顶,感受身体每一处的反应;你可以试着推开窗户,倾听窗外的每一种声音,辨别它们的来源……

当你的注意力更可控以后,你就可以尝试做运动,也可以读书思考,多与人交流,完成很多你过去无法完成的事情。

当你通过训练,让自己控制注意力的能力变得足够强大以后，你便能学会更加理性地思考，以正确的视角看待自己和这个世界。

4

很多时候，我们的痛苦来自我们对自我的执念。

这份执念让我们将注意力过分地集中在自己身上，觉得自己就是这个世界里悲剧的主角。这种对自我的过度关注就像放大镜一样，将我们的痛苦放大，使其程度日益加深，持续的时间不断延长，持续地消耗着我们的精力。

当我们能够进行一段时间的注意力训练，并且能够逐渐将注意力从自身扩展到外部世界时，我们就会发现"我并不重要"。

"我不重要"并不是一种悲观的自我否定，而是一种蜕变后的通透。

我们与这个世界上的万事万物并无差别，让我们痛苦的事情终将会过去，就像冰雪必然会消融于大地一样。

那时候，我们观察自己的痛苦，便跟观察人类共通的痛苦没有差别，能够做到真正的接受。

这意味着我们的能量已经像太阳一样，可照耀万物，不留阴影。即使曾经那件痛苦的事情重演，我们也完全可以一笑置之。

有一种自信,源自被迫骄傲

1

多年以后,我才意识到:一个真正自信的人是不需要自信的。他可以心安理得地接受别人的夸奖和馈赠,可以理所应当地去争取机会,可以勇敢地维护自己的权益。这些自信的行为对他们而言是很自然的事情,他们并不需要去刻意让自己表现得很自信。

生活中,很多人的自信其实是一种被迫骄傲。这种骄傲非常容易使人落入彻底的自卑中。

2

那么什么是被迫骄傲呢？

简而言之，有的人在童年时期没有形成与人正常交往的能力，导致他们在集体生活中无法找到归属感。当身处人群中时，他们内心会产生一种潜在的恐惧和不安，以至于他们时刻都会启动自己的防御机制。

我们上学的时候可能看到过这样一些人，凡事都要争第一，无法容忍自己失败。在旁人眼里，他们要强、自信，实际上他们一直处于强烈的不安之中。

在他们看来，"我只有证明自己，才是安全的"，"我只有自信且完美，才能够得到别人的爱和善意"。

还有一种人，他们独来独往，对人冷漠，看起来一副不可一世的样子。但事实上，他们渴望融入人群，甚至思考过："为什么我不能像别人一样简单、快乐呢？"与第一种人不同，他们不是通过竞争来证明自己，而是选择彻底退出竞争，转而在其他道路上寻找出口。他们一方面对集体抱有深深的敌意，另一方面迫切地想要寻找一种凌驾于众人之上的方法。

3

我的一位朋友有一次参加一个比赛，自认为发挥得特别糟糕，她对我说："天哪，我犯了一个致命的错误。所有人一定都在嘲笑我，我真的蠢死了。"

有个学生曾告诉我："我父母对我期望那么高，我却这么没用，什么都做不好，我真的无法原谅自己。"

事实上，我那位参加比赛的朋友几天之后就告诉我："我完全没想到我能排进前几名，他们都说我发挥得不错。"

那个学生后来告诉我："我假期得学车、打零工、给弟弟补习功课，再用奖学金去学其他技能。"她已经比大多数同龄人都更努力、更优秀了，却认为自己很没用。

生活中有太多这样的人，他们沉溺于满足别人的期望，即使很疲惫也要拼命努力，即使很难过也要对人微笑，即使很优秀也总是认为做得不够好。因为他们一直在追逐被所有人喜欢的完美假象。

久而久之，他们内心会形成一种自我疏离感，渐渐不知道自己是谁，或是自己在追求什么。而那个真正的自己，永远自卑地处于一种不安全的状态中。

他们把自己锻炼得非常强壮，但那个童年弱小的自己还活在心中；他们把自己打扮得非常漂亮，是为了彻底掩盖真实的自己；他们拼命取得成就，是为了得到别人的认同，而非自我实现。

所以他们无法形成真正的自信，因为这一切都建立在虚假的东西上，就像随时会被挤破的泡沫。他们一旦被人否定，或者在某件事情上出了差错，就可能陷入彻底的自卑和自我讨厌中。

4

那些彻底和集体划清界限的人，看起来跟正常人完全不一样，清高又孤傲，他们常常谈论一些关于人生意义的问题，刻意强调自己跟别人不一样，对那些在集体中取得现实成就的人不屑一顾。

如果你问他们："你的孤独是不是你主动选择的结果？"他们会给出肯定的答案。但是当你和他们谈及他们的童年时，你就会找到一些被动的因素。

"你有没有想过，你的孤独、骄傲、清高以及你对别人的敌视其实不是你主动选择的结果？"这句话对一个崇尚精神追求并且蔑视现实的人来说，杀伤力相当大。

一个以异类自居，以极低的物欲和虚无的精神追求作为支撑的人，不得不把归属感寄托在自己身上。他首先是一个被迫骄傲者，然后才是一个追求者。他追求的东西必定与群体不同，更加精神化和理想化。他在自己内心创建了一个完美形象，仿佛自己拥有更高的精神追求，更高的道德水准，或者更加深邃的思想。

然而，将精神与现实对立起来，就意味着精神要遭受现实一次次的考验。

为了找到出口，他们必须变得更加清高，对一切现实成就表现得更加不屑一顾，也更加孤独乃至狭隘。他们一旦被现实事件砸得崩溃，就会落入无底的黑洞，认为自己是个彻头彻尾的废物，认为自己的整个人生都毫无意义。他们越孤独就越骄傲，越无法容忍自己的精神追求被现实击垮。

一方面，他们可能为了避免否定自己而选择逃避现实，将自己彻底封闭起来；另一方面，他们可能转而敌视自己的精神追求，极力地贬低过去的自己，随后彻底投入现实追求中——这种极致的心理落差，则可能促使他们形成一种病态的、追求报复性胜利的驱动力。

被迫骄傲的人，需要的不是虚假的自信，而是了解和面对真实的自己。

一个真正建立起自信的人,即使遭受外界的打击和否定,也必然能够通过自我调节恢复健康的心理水平。

Part

3

别藏在黑暗里喜欢一个人

畏惧幸福的人永远都无法得到幸福,你的一次次发狠和自虐都只是变相的逃避,你的强烈的羞耻心只是禁锢自己的牢笼,你的无私退让和精神满足只是不敢正视欲望的自我安慰。

不做爱情中的胆小鬼

1

"一直以来,我喜欢你这件事,给你添麻烦了。"

"遇见你就像身在黑暗深渊里的人忽然看到了月光。"

"那份喜欢,是一种对于美好事物近乎虔诚的感动,就像身在永夜的荒废星球第一次迎来它的日出。"

"内心越是想靠近,身体越是不断地想逃跑。"

"沐浴在你的光彩下固然令人迷醉,但会照亮我的污浊与丑陋。"

"我全身冰冷,怎能拥抱你?"

"黑暗的温柔,就是给光让路。"

"我心底所有的渴望,最终都只能变成远远的守望和祝福。"

"仰望你的美好,或许胜过你和我一同悲伤。"

"能够与你生存在同一片土地上、呼吸着同样的空气、活在同一个世纪里,我已经非常满足了。"

……

2

以上是我多年前喜欢一个人时写下的一些笔记。

那时候的我,觉得自己非常不堪,所以信奉"喜欢一个人就要离她远一些"这样的论调。

我曾经喜欢了一个人很久,之后我才意识到,她只是我的"庇护所"。我一直自诩深情,从QQ日志到贴吧,再到知乎……为她写下了无数文字。但这些其实早就与她无关了。

过去的我是一个孤僻又脆弱的人,只是把她当作精神寄托。每当在现实世界里遭受挫折或者痛苦,我就会跑到记忆中的她面前痛哭。我告诉她我是多么爱她,对她的爱是多么忠贞不渝,恨不得为她铸造雕像,并奉为神祇。

但这一切只不过证明我的懦弱罢了。

我说的每一句"我爱你",都是在说"救救我";我说的"我永远不会改变,会一直喜欢你直到死去",其实不过是在说"现实世界太可怕了,我不敢出去"。

我以为长期深情地喜欢一个人非常浪漫,但其实只是因为我懦弱。

我以为喜欢一个人不让她知道、不打扰她,也不求回报,是很无私的表现,但其实只是因为我懦弱。

我以为美好的东西只要纯粹地保留在精神世界里就好了,但其实只是因为我懦弱。

……

3

　　你默默喜欢一个人的时间越久，你和她的距离就越远，渐渐只剩下记忆中的模样。而对现实世界中那个真实存在的人，你却一概不知。

　　但这不就是我们自己想要的吗？只要永远保持距离，就永远不会被拒绝；只要沉溺于自给自足的精神世界，就不会被现实世界伤害。

　　我给我的懦弱贴上无数美好的标签，然后安心地做着一个美化过的梦。

　　人们听了我的故事，都会被感动，然后告诉我：

　　"哇，你真的好深情啊！"

　　"你真的好专一啊！"

　　"在这个时代，像你这样的人太珍稀了！"

　　但其实我喜欢的根本就不是她，而是我自己。

　　不，我也不喜欢我自己，我讨厌我自己。

正因为我无比讨厌自己，所以我才会觉得这样的我必须永远藏起来。正因为我无法面对自己，所以我才需要有一份精神寄托：要有纯粹的爱情，要有浪漫的回忆，要有诗歌，要有颗无私和不求回报的心，还要有为此耗尽余生的凄美……然后尽情地去做这场精心为自己准备的大梦。

4

越是情感有缺陷的人，越会把一份亲密关系或所谓的爱情想象得尽善尽美。因为他们不知道它该有的样子，便不遗余力地将其神化，当作此生的信仰。正因如此，他们变得无比脆弱，仿佛现实世界中任何一点儿正常的磕碰，都会让他们"怦然心碎"。

胆小鬼连幸福都怕，即使喜欢的人走到面前，他们也会惊慌失措，转身逃走。这不是爱，而是病，是身体某处的一个填不满的缺口，也是一个将自己囚禁的壳。

喜欢和爱最大的不同，就在于喜欢可以是单方面的，但爱不能。你不能爱一个在现实中与你毫无关联的人，你必须勇敢地走到他（她）面前，让你们的人生产生交集，这样才能有爱的可能。

你必须从一个害怕受伤的胆小鬼，变成一个即使受伤也能去解决问题的人，这样才能得到真正的爱。

爱情，本就是既浪漫又俗常，既伟大又平凡的东西，它只不过是平凡的人类相互取暖的产物。你们一起去天涯海角是爱，一起去楼下的公园散步也是爱；你们的甜言蜜语是爱，生气时的争吵也是爱；浪漫的玫瑰和亲手煮的面，都可以是爱的体现。

所以你要让爱从"天上"落下来，落到现实生活中。当你真正参与其中，忘记"追逐爱"时，爱便自然发生了。

5

过去的我，主观、纯粹、精神至上，也更自我封闭。而现在的我，有勇气去表达心中的爱。

一个身处黑暗的人，如果对他人生出喜欢的感觉，那么这份喜欢就应该是他向往美好生活的力量，是他"生病"的身体里迸发出的活力与生命力。

你如果足够喜欢一个人，就一定要让他（她）知道。因为无论你自身多么糟糕，你的这份喜欢都是纯洁无瑕的。

在人生这场旅途中，一切美好的东西你都该努力去抓住，那些美好的人、风景、食物以及热爱的事情……

藏在黑暗里的人，总会被光牵引着走出来。

不要怕，但也不必急。

从"感觉主导"到"现实主导"

1

以前我的生活一直都被"感觉"主导。我非常内向、敏感,认为只有自己内心的感觉最重要、最真实,其他的一切都与我无关。这导致我的生活一直是混沌和无序的:

吃什么?都行。

接下来去哪里?走到哪儿算哪儿。

以后想做什么?无所谓。

……

很久之后我才意识到，所谓的凭感觉做选择，其实就是不做选择。

只要我不在乎结果，就可以不认真做选择，不为结果负责。

年少时喜欢的人走了，我不会挽留，默默地写了很多诗；高考前在励志黑板报上写下了"得失随缘，心无增减"八个字，最后随便进了所学校，随便选了个专业；喜欢写作，却从未认真、辛勤地写过，总是要等到灵感从脑子里冒出来，才勉强写几笔；平时看似关心身体健康，却不好好吃饭，还经常熬夜，也没有任何生活计划……

我从未认真地生活过。

我以为自己可以超然物外，什么都不在乎。但事实上，我是一个胆小鬼，不敢认真地做出选择，不敢去在乎太多，更不敢承担"认真了却仍然什么也得不到"的结果。

这世上或许有一些天纵奇才，他们跟随感觉就可以走出一条"通天路"来。但是对于大部分凡夫俗子来说，生活被感觉主导，代表的是对自我的轻视与回避。

因为轻视自己,所以不愿意尊重自己,认为自己怎样都可以,什么都无所谓;因为回避自己,所以才不愿认真对待自己的人生,不愿为自己负责。

2

被感觉主导的人,他们看似只在意自己的感觉,实则却是不自知的。他们甚至对于自己喜欢的物品、讨厌的食物、热爱的事等一概不知,因为他们根本就不愿意面对自己,所以才交给感觉来决定一切,企图自我回避——只是他们不愿意承认罢了。

你自以为你的感觉是对的,跟随感觉走就能保证结果不偏离真实的自己。但是感觉非常靠不住,在不同的年龄、不同的人生阶段、不同的环境,它都会有所不同。

比如,当你经历一段艰难的时光时,你就会觉得整个世界都是灰暗的；当你眼里只有一个人时，你就会觉得自己整个生命都离不开她（他）；当你获得了一次成功后，你就会觉得自己无所不能……

大多数人的"跟随感觉走"，都是一种顺从于习惯的随波逐流，或是一种刮奖刮出"谢谢"仍然不甘心，要继续刮开后面的"惠顾"才肯放弃的惯性；是一种明知道别人不喜欢自己，却仍然要贴上去，直到令对方对自己厌恶为止的执迷不悟，或是一种被他人、被环境、被不固定的事件牵着走的放纵行为。

选择跟随感觉，就意味着放弃了主动思考和成长的可能，而感觉又会反过来不断强化感觉。当你将这一切"合理化"后，你就会承受更多痛苦而不逃脱，最终一个人在自己的"小格子"里越走越偏，变得极端、狭隘。

3

在面临选择时,被感觉主导的人内心是这样的:

"我想要。"

"我不配。"

可是他们又不愿意承认自己不配,于是把"我不配"改成"我不在乎"。因为他们不在乎,所以回避,不做选择,最后完全交给感觉,再将这种感觉"合理化":"我就是这样一个人,这是我的特点。"于是下一次面对选择时,他们会忽略整个过程,只剩下"跟着感觉走"和"我不在乎"两种选项。可怕的是,他们会认为自己是对的,认为一切是他们主动选择的结果。

曾经的我,在健身时会想:"反正我不追求练得多强壮、多完美,就是运动一下,这样感觉舒服而已。"

由于有这种想法,我每次健身时都只是随便推拉几下健身器材,刚一感觉到累就走了。那时,我一边健着身,一边熬夜，吃不健康的食物。

而现在，我会认真地制订自己的健身计划，并认真地去完成，还会每天规范自己的饮食，注意营养是否均衡。此外，我会尽可能早睡，保持良好的状态。

当我用这样的态度来面对健身这件事时，我发现我的感觉被改变了。

"不好好练都对不起自己吃的这么多鸡胸肉。"

"不好好睡觉都对不起白天累到虚脱的自己。"

我并不想成为健美运动员，但我做的这些事情给我的生活带来了一种生命力，使我有了一个明确的现实目标，并且有了为之努力的真实感，这是"跟随感觉"体验不到的。

不在乎一件事情的结果，本身就是对这件事情的不尊重。你只有在一件事情上走得足够远，才能体会到它带来的更多乐趣。

4

芥川龙之介说："为了一个不知能否实现的愿望，人有时会豁出一辈子。笑其愚蠢的人，毕竟只是人生的过客而已。"

你如果喜欢一个人，就不要放任自己跟随感觉做决定，这样只会让一切希望破灭。你要基于现实，去规划你们的未来：你们在哪里生活、工作；你们怎样经营亲密关系；你们会安排多久约会一次、旅游一次……

你如果有喜欢的事情，就不要只是徒有热情，实际却一直原地踏步。你首先要去解决现实问题——赚钱，有了一定的物质基础，再去为之付出努力，完成最终的目标。

所谓"现实主导"，并不是只在乎结果，而是强调一种积极参与生活的态度。我们正是因为经历过痛苦、绝望、被贬低、被忽视，才更应该努力追求和创造更多美好的东西。

如何走出缺爱的阴影

1

　　一提到某个人缺爱，很多人想到的都是这个人的性格缺陷或者其原生家庭问题，并且认为缺爱对一个人造成的影响是不可逆的。

　　所谓的缺爱，到底是让我们缺少了什么呢？

　　缺爱，其实只是一个人在情感方面的安全感缺失而已。

　　如果一个人在最需要爱的年纪缺少了爱，那么在很大程度上，爱的缺失所带来的影响将会一直伴随着他，并且不容易被察觉和改变。久而久之，他很可能会被这种影响控制，一路无意识地生活下去，浑浑噩噩，随波逐流。

事实上，面对缺爱带来的影响，不同的人会有不同的应对策略，并非所有缺爱的人都是一个样子。这就让很多人觉得迷惑，无从判断，甚至根本无法意识到自己是情感上的"受害者"。

2

简单来说，缺爱的经历会给人带来三种影响。

（1）我缺少爱，那么我就极端地追求爱

这种人的表现很明显，就是对爱的过度补偿。有些人在爱的安全感上缺失，就会不断地寻找被爱的"证明"。就像体会过饥饿的人不会挑食一样，他们所追求的仅是情感关系

本身，而对方是谁、与自己是否合适等一概不重要。

如果说对不缺爱的人而言，爱是享受的话，那么对缺爱的人而言，爱就是救命的稻草，是必需的、非如此不可的，因为他们的人生主题就是"寻找一个爱我如生命的人"。

因此，在每段感情中，他们总是看起来善于讨好别人和自我牺牲，但这些行为背后的潜台词是"我想要得到更多"——更多对爱的确认、更多的赞美、更多的认可……类似一种无意识的、间接的控制。

他们对爱的过度补偿，无疑会很快地摧毁一段感情。但他们会认为自己是无私而勇敢的。他们认为自己每次都毫无保留地对待一段感情，可最终还是被辜负和伤害。他们对自己"忽略对方真正的需要"以及"对爱的强迫性需求"选择视而不见。

他们无比在意别人的看法，会为了"满足他人的期望"而使自己变得极其善于隐忍，同时又会阶段性地自欺、自怜。

（2）我缺少爱，那么我就极端地远离爱

还有一种人对爱的感受是威胁。他们畏惧自己会被爱驱使和控制，于是极端地压抑自己对爱的需求。在成长过程中，他们总是将对爱的需求转换成让自己变得更加"独立自主"的推动力。

他们因为畏惧被爱控制，所以不停地审视自己。这种自我审视使他们有了一种"清醒感"，这种"清醒感"让每一种感情在被发现的瞬间就失去了作用。于是他们又产生了一种无法融入人群的疏离感，再加上对独立自主能力的推崇，更让他们有了一种孤独的宿命感。

为了让自己能够心甘情愿地保持孤独和疏离感，他们必须在内心建立自己的"安全地带"。于是，他们会把精力投入一些小众的、避免竞争的领域来满足自己。

在感情上，他们的心偶尔仍会"蠢蠢欲动"，但没有一段感情能够走得长远。一旦关系变得过于亲密，他们就会浑身不适，最后落荒而逃。他们更容易相信一种脱离现实的"精神恋情"，选择长久地暗恋一个人，甚至干脆喜欢一些现实中不存在的虚拟人物。在他们眼中，自己是独一无二的宝藏，是高于现实的精神追求者。但他们始终无法看到，更不会承认自己逃避行为背后所隐藏的懦弱，以及根植于骨子里的自卑。

（3）我缺少爱，那么我就忽视爱

如果说第一种人是"忽视自己，关注爱"，第二种人是"关注自己（理想的自己），远离爱"，那么第三种人就是"既忽视自己，又忽视爱"。

这种人在缺爱的成长过程中，内心世界往往充满斗争，这些经历把他们锻炼成了既不自我逃避也不讨好别人的战士。他们对安全感的需求既不是获得爱，也不是寻求独立自主，而是自我的胜利。

既然无法获得爱，那么就忽视爱，忽视自己。于是在艰难的成长环境中，他们只剩下了一场场"战斗"。

他们的内心独白是这样的："我不在意自己真正喜欢什么，也不在意自己的情绪、感受，我在意的只是获得胜利。"

为了胜利,他们倾向于将世间一切看作可利用的资源。他们需要从一次次胜利的过程中获得安全感,以此证明自己的正确和强大。

相比第一种人的"讨好",他们选择"战斗";相比第二种人的"逃避",他们选择"竞争";相比把注意力集中在自己身上,他们更倾向于去制定和完成一个个目标,这些目标可以是财富和事业方面的,也可以是感情方面的。只不过,他们追求的并非结果,而是"自我实现"的过程。

在他们眼里,自己是真实的,不虚伪、不做作,是为了一个个目标而奋战的斗士。但事实上,他们忽略了自己以及自己对爱的需求。虽然他们可以完成很多"大目标",但是这些目标只是让他们阶段性地松了一口气,并庆幸自己"又活过了一场战斗"而已,并没有让他们获得真正的快乐。

3

尽管缺爱的人有三种类型，但这三种类型并不一定是泾渭分明的，很可能一个人具有两种以上类型特点。而在遇到一些重大的事情时，有些人甚至会从一种类型转变成另一种类型。

比如从第一种人变成第二种人：一个在感情中不断受到伤害的人，彻底对爱失望，转变成一个自我压抑、追求精神自足的避世者。

比如从第二种人变成第三种人：一个自我压抑、追求精神自足的避世者，在遭受严重的现实打击后，转变为一个彻彻底底的追求世俗成功的"战士"。

这三种人一旦随波逐流久了，还会出现不同的问题。第一种人在爱而不得的重复折磨中，痛苦会不断积累；第二种人如果不具备彻底避世的现实条件，则必将在现实的拉扯下，不停地在极端的骄傲与自卑之间切换，随时可能崩溃；

第三种人则会因一直以来对自我的忽视而变得彻底麻木，甚至"精神死亡"。

从这个角度来看，缺爱确实非常恐怖，有可能在一个人无意识的状态下贯穿他的一生。原生家庭之所以会被人们热议，是因为很多人会在自己的"碰壁"经历中隐隐地意识到，很多问题可能与自己的成长经历有关。他们进一步了解更多相关的知识后，便会在自己的原生家庭中找到原因。

4

我并不赞成夸大原生家庭对一个人的影响，因为这种影响并非不可逆。我们学习认识自己，是为了解决问题。我们发现自己的问题是由缺爱导致的，将对自己的愤怒转化为对原生家庭的愤怒——这只是"接受自己"的一个阶段，盲目地夸大原生家庭的"罪行"和缺爱的影响，只会让不可改变的过去阻碍可以改变的现在。

　　人的成长是动态发展的，就像缺少食物和安全保障的人，在经历一段饱食和安全的生活后各种问题就会好起来一样，所谓缺爱给我们带来的伤害，也能够修复。

　　以下是我关于如何从缺爱的阴影中走出来的经验之谈，我总结为六个阶段。

　　第一阶段是破除"无意识状态"。比如，你在看这篇文章时，在其中一段看到了自己的影子，那么你就要明白，自己是有一些问题的，先要从无意识的状态中清醒过来：你不是一直有意识地在选择，很多言行并不是真正出自你的内心。

　　第二阶段是转移目标。将你内心割裂与矛盾之处化解开，找到问题的原因，并把自己的情绪转移到真正的原因上，可以发泄，也可以任性。

　　第三阶段是自我原谅。你要跟过去的自己站在一起，告诉彼此，你们都没错。让过去的你和现在被你自己伤害的那个你，一起原谅你。

第四阶段是认识自己。你要像认识一个陌生人那样去重新认识自己，可以每天写日记，记录自己的心情、状态、强迫性思维和选择，记录自己喜欢和讨厌的一切；也可以试试冥想，或看一些相关的书，有意识地进行自我分析。最后认识自己，接受自己，真正地跟自己站在一起。

第五阶段是自我重塑。一个人想要真正改变，就必须将问题从理论落实到实践上。缺爱的人最大的问题就在于同时缺少了自爱的能力，所以这一阶段的重心是通过实践去重建自己的价值感。因此，我写下几条建议：

（1）建立一段健康长久的亲密关系。显然，这对对方的要求会比较高。对方如果是在健康环境下长大的，就能够帮助你快速成长，让你不断改变，渐渐适应真正的亲密关系。

（2）找一个好的心理咨询师。

（3）多参与公益活动，帮助他人。一个人对他人有帮助，被他人需要和肯定，并与他人产生现实的联系（不再飘浮在精神世界），会对他自己有益。

（4）给自己一段时间，寻找并实践自己真正想去做的事。

（5）练习自我关怀。记录自己喜欢的事物，并学会奖励自己；列出自己的优点，并经常把它们读出来；对着镜子中的自己微笑。

（6）有意识地改变自己的强迫性思维。

（7）既要跟世界紧密相连，又不要丢失自我。

（8）尊重自己的本性。

（9）多与人交流，尤其是深层次的交流。

第六阶段是自我实现。当你终于从缺爱的阴影中走出来后，你会获得一种前所未有的自由感。你终于可以按照自己的意志去行动，不再自卑地面对每一个人。你开始能够大方地爱，也能够接受爱。你能够坦然地面对自己的过去，接受自己的缺点，发现自己的优点。

愿那些曾深陷泥潭的人，都能通过不断学习和成长，熬过艰难时刻，直至生出翅膀，展翅高飞。

为什么你总是轻易"搞砸"一段关系

1

每一段长期的亲密关系中的两个人,都会逐渐形成稳定的相处模式。比如,遇到问题时怎样一起解决;吵架时谁来安抚谁,谁先认错;出去玩由谁来安排行程……双方都已经形成了默契。

一段健康稳定的关系,需要两个平等的人通过真诚地交流和不断地磨合,最终找到一个双方都满意的平衡点,并且这个平衡点能够随着现实情况的改变,随时进行调整。这样的关系就像一座坚固的堡垒一样，带给双方支持和安全感。而不健康的关系，则会让双方在不知不觉中渐行渐远。

2

举个例子，恐惧型和疏离型的两个人组合在一起，很容易形成"你追我跑"的关系模式。在这样的关系模式中，恐惧型的人因为猜忌多疑，害怕被抛弃，从而会变得越来越依赖对方，越来越在乎对方，会无条件地对对方好，时时刻刻担心对方，想要一直赖着对方，来确保自己的"安全"。

这样的行为很容易使疏离型的人下意识地选择逃避。他很容易把对方的依赖当成压力，把对方的付出看作一种变相的索取。所以，对方越是追得紧，他就越是逃得快。而他越是想逃，对方就越是想追（即使是很多安全型的人，也容易被疏离型的人引导出恐惧型的行为模式）。

这会形成一种关系上的不平等，最终逃的人会占据关系中的"高位"。因为追的人太过依赖他，时刻有求于他。于是在生活中，追的一方永远是无条件付出的，是吵架时先道歉的，是痛苦时一个人默默承受的。

但遗憾的是，这些付出都是没有意义的。在一段不健康的关系中，两个人都很痛苦，追的一方一直觉得自己的付出得不到回报，而逃的一方一直感到自己压力如山，又得不到理解。

当一段关系建立以后，我们就会不经思考、下意识地按照过去的模式与对方相处——你越追，我就越逃；吵架了就认错，认错了就能被原谅。一次次以消耗感情的方式处理同样的问题，却对问题的根源视而不见。我们会认为惯常选择的那个选项是最安全的，哪怕它是错的，这就像有些人明知抽烟有害健康却还是戒不掉一样，因为习惯了。

在这样的循环中，我们都在不停地以同样的方式对待对方。于是我们就会渐渐形成一个认知：他（她）就是这样一个人——只要出现了问题，他（她）就会这样处理；只要发生了这样的事情，他（她）就会有这样的表现；他（她）永远都无法真正理解我；他（她）永远只会逃避问题……

有问题的关系模式，会不断给双方带来负能量。一方感到心酸，另一方感到疲惫；一方感觉自己在燃烧，另一方感觉自己在结冰。双方都感觉自己不被对方理解，于是彼此渐行渐远。

3

为什么一种关系模式很难改变呢？这是因为我们给彼此贴满了标签，认定对方就是那样的人，不会有改变的可能。

我们产生这样的想法，代表着我们自己也不会改变。但事实上，人生是一个动态发展的过程，我们每个人都像河流一样不断流动、不断前进，是可以改变的。任何一种关系模式的改变，都离不开双方共同的努力。

在每一段不健康的关系中，矛盾的两个人都会认为自己才是那个不被理解的人，是最痛苦、最辛苦的那个。他们认为自己付出了太多太多，但是这些付出都是无效的、负向的。他们认为自己努力过了，只是对方不愿意改变，不愿意配合。但事实上，他们可能并没有真正地做出改变。

比如，其中一方可能会对另一方说："让我们来一起解决我们的问题，这次吵架到底是因为哪里出了错。"他以为自己在认真解决问题，但在对方看来，他仍然处在某种情绪中，只不过是站在关系中的"高位"，在向处于"低位"的人讨要"认错"的表现——他只会敷衍了事，并不是在认真解决问题。

反过来，处于"低位"的人的消极回应，在对方眼里就成了不愿意配合、不愿意好好解决问题的表现。于是这种不健康的相处模式再次得到了强化。

再比如，一方难过地问另一方："为什么你不愿意真诚地对我？为什么你不愿意再相信我？"他单纯地认为，只要对方能够改变，能够坦诚地面对自己、相信自己、什么都告诉自己，一切就能好起来。

可他不知道的是，他在问出这样的话时，心中充满了焦虑和恐惧，而这些情绪只会让对方更加没有安全感——他正在将对方远远地推开。

在一段关系中，两个人必须同时努力，且有一方相信对方可以改变，然后自己率先改变。这样才能打破旧有的不良的关系模式，让这段关系有改善和重建的可能。

4

一段健康的亲密关系，需要关系中的双方做到以下几点。

第一，平等。你爱他（她），并不只是因为你爱他（她），而是因为他（她）也爱你。平等的关系是健康的亲密关系的基石，它意味着你们能够尊重彼此。

第二，自我尊重。在任何一段关系中，你都要尊重自己的感受，能勇敢地为自己争取权利，说出自己的需求和不满。只有两个人都感觉舒服的关系，才是健康的关系，而不是任何一方去卑微地默默隐忍。

第三，宽容。在一段健康的关系中，最重要的不是默默付出，而是学会真正的宽容。你能够坚定地跟对方站在一起，为对方考虑；你即使看到了对方灵魂里的阴影和污垢，依然愿意接受和爱对方。

第四，坦诚。要做到坦诚，你必须把自己最真实的想法告诉对方，同时学会称赞对方，鼓励对方，给对方带来积极改变的力量，让对方能够感觉到跟你在一起会变得越来越好。

第五，成熟。成熟就是互相教会对方如何解决问题、改正错误，建立真正的安全感；成熟就是不去控制，而是为爱而克制，不再轻易伤害彼此……

5

每个人都希望自己能够拥有健康的亲密关系,能够得到完整和无条件的爱,可并不是所有人都有这样的好运气。

对于大多数人来说,在亲密关系中总是会遇到各种各样的问题。我们会逐渐认识到自己的性格缺陷,可这并不怪我们,因为这并不是我们自己能够决定的。我们能做的就是改变现在。

当我们终于成长为一个成熟的大人时,或在未来面对自己的孩子时,我们能够用自己的改变去影响身边的人,把一份健康而完整的爱传递出去。

改变一个人和一段关系,都是非常困难的。但是最难的是看清问题的本质,然后走出第一步。因为当你感觉到成长和改变所带来的快乐时,你就会不自觉地加快脚步,从过去那个阴暗寒冷的角落,飞向人间温暖的阳光里。

愿我们都能获得满分的爱。

其实主动并不难

1

我相信每一个自卑、自厌的人，都看过很多所谓的改变方法论。其中的方法无非是接受自己、接受过去，或者给自己安全感和一些积极的暗示，等等。

我自己也写过这类文章，它们确实会对一些人有一定益处，但更多情况下，人们只是在读的时候感觉很受用，之后并不会真的有多大改变。

他们虽然知道怎样做对自己有益，怎样做能够让自己变得更好，但是等到在现实中面临问题时，又会选择那个早已习惯了的、自以为安全的选项。

理论指导永远无法真正带领一个人完成转变。所谓的那一套改变方法论，并不能作为人们做出改变的参考范本。一个过不了内心的坎的人，一个心底无比厌恶自己的人，即使多次暗示要接受自己，对着镜子说再多自欺欺人的话，也无法帮助他真正改变。

想要在现实中得到改变，就必须参与现实。

真正能帮助你改变的，其实是欲望——你要唤起自己的欲望。

大部分自卑、自厌的人面临的最大问题就是习惯于逃避。他们不相信自己可以得到自己想要的东西，可以做成想做的事情，可以配得上自己喜欢的人。

自卑、自厌与现实中的逃避、退缩形成了一种互相助推的关系——你明明想要，却因为畏惧未知的结果而懦弱地退缩，这样的自己当然会被自己讨厌；而你越是讨厌自己，越容易降低自我价值感，从而选择进一步逃避和退缩。

2

想要依靠自己意识上的觉醒，主动地选择改变，并不容易。因为自卑和自厌其实都是你自己的选择。

你知道它们是错的，但你需要它们，你需要在你一次次退缩和放弃的时候，给自己一个合理的解释。

如果能回到过去，我最想告诉自己的不是"你要接受自己"，而是"你如果想要，就要去追，去做，去坚持到底。"

如果当初的我能够稍微主动一点儿，能够开口说几次"我想要"，那么很多事情都会变得不同。

你想要在没有任何外力作用的情况下改变自卑、自厌的心理，就要在下一次面临选择时，不顾一切地强迫自己去选择未知的、更危险的那个选项。你只有多尝试几次，才有改变的可能。

你想要变得更受欢迎，就请先把自己打扮得更漂亮一些，去跟那些你原本一直远远望着的人打成一片。你想要得到某样东西，就请你努力去争取，不要明明想要却压抑自己的欲望。你遇到了一个很喜欢的人，就请你勇敢去追求，如果总要有一个人站在他（她）身边，为什么不能是你呢？

3

有一个重度抑郁症患者，他没有精力做任何事。

他躺在床上，想着要不要起来穿衣服。

"嗯，起来穿衣服需要三步：第一步，起身；第二步，把衣服拿起来；第三步，把衣服穿上。"

一想到穿衣服需要三个步骤，他就会觉得好可怕。他认为自己根本做不到。

"算了，就这么躺着吧。"他这样想道。

如果这个时候你来给他讲道理，告诉他："天哪！你怎么可能不会穿衣服？""穿衣服是最简单的事情，你一定能做得到啊。""你一定要努力改变才能好起来啊！"那么请问，这些道理对他有用吗？

当然没用。这些道理他完全明白，但是他是以自身感受为判断标准的，他清楚地感受到自己是多么疲惫，多么无力。这种真实存在的感受远远强过你空洞无力的道理。

应该如何让对方改变呢？你要一边帮助他，一边告诉他："来，我们慢慢坐起来就好了。""你看，你已经成功坐起来了，很容易，对吧？""衣服就在这里，拿起它们，它们很轻，对吧？""来，把手伸进去就好了。""看，你已经成功穿上了衣服，它并没有你想象的那么难，对吧？"

当他做到这件事以后，他就会惊讶地发现，确实一切都没他想象的那么难，原来他并不是什么都做不了。于是，他便得到了一个正向反馈，然后会去尝试更多的事情，再得到更多的反馈。久而久之，改变就发生了。

让我们来对比一下两种方法：

第一种，讲道理→"我明白，但我无感"→拒绝改变；

第二种，行为→感受→讲道理→"我懂得，并且愿意改变"。

我们总是很喜欢说教,很喜欢讲道理,总会说:"有一天你就懂了。""总有一天你会后悔的。"或许他们有一天真的会懂或者后悔,但是这些道理对他们当下的状况而言,毫无意义。

4

我曾有过很多次选择的机会,却从来没有为自己争取过一次。

当我看到过往人生里大片大片的空白,甚至连个落脚点都找不到时,我不得不承认自己心存遗憾:我内心世界里的风和日丽或者怒浪滔天,全都无人知晓。

我知道对于一个自卑、自厌的人来说,面对失败和被拒绝的可能,是一件多么恐怖的事情;我知道对于一个自卑、自厌的人来说,尴尬和出丑是一件多么伤自尊的事情……他很可能会崩溃或者从此一蹶不振。

可这个世界的真相是：对于每一个自信的人来说，他们的自信都源自这种"对未知的适应"。让他们真正自信的不是他们拥有多少，见识过多少，而是在面临新的未知时，他们懂得如何处理和适应。这种能够训练出来的能力，让他们热衷于一次次挑战和追逐自己的目标。

你只要敢于一步步走出去，就会发现最伟大的治疗师其实是客观的事实。一切并没有你想象的那么可怕，你想象中不可承受的结果并不一定会发生，你认为自己绝对做不好的事情有可能做好，原来你觉得配不上的东西其实可以大胆地追求……

5

你想要，你选择，你得到。

你每重复一次这个过程,就会向自信和自爱更靠近一些。你想要改变,就要去做,这就是最真实有效的方法。

学会接受自己最真实的欲望,去大胆地为自己争取,坚定地相信自己配得上所喜欢的任何东西,你也会被自己喜欢的。

"普卑男"的人生

1

"为什么他这么普通,却可以这么自信?"这是很多人对"普信男"的疑问。

作为一个普通的男人,我也很不理解这一点,因为我根本不懂自信是什么。我自卑,自卑到骨子里。

从小我就看着这样的"普信男",拿着只有40分的卷子,在班里欢快地跑来跑去。而我则把自己60分的卷子藏到书桌里,不敢抬起头来。老师和家长都会指着这样的"熊孩子"，语重心长地跟我说："小城啊，你虽然不优秀，却是个老实孩子，千万不要跟他们学坏了。"

于是我开始跟他们划清界限，并让自己对他们充满鄙夷。我看着他们穿着奇装异服，烫着"杀马特"发型，轻佻地对着女同学吹口哨。

"脸皮真厚！"我无数次替他们感到尴尬与羞耻。

"为什么他们那么普通，却可以那么自信？"我不懂。

中学时，我喜欢班里一个女生，但我不敢告诉她。因为她太美好了，不但长得好看，成绩好，就连性格也是极温柔的。我总会偷偷地看着她的长发发呆，幻想着有一天能跟她说上几句话。我还会在她得奖的时候由衷地为她拼命鼓掌。

我对她做过最大胆的事，就是在她走路时偷偷丢下一张白纸，让她踩上去，回家后一遍遍临摹她的鞋印。还有在冬天上霜的玻璃上偷偷写下她的名字，又马上擦去。

那时候她晚上补习，回家时有一段暗路要走，我会隔着200米的距离跟着她，直到她走完那段暗路，走进暖黄色的路灯里。我会远远地站在黑暗里，目送她远去。

我不敢走进灯光里,是担心她看到我会害怕。我曾无数次地幻想,如果有一天她遇到坏人,我会不顾一切地冲上去保护她,哪怕为她死都心甘情愿。

直到有一天,我真的在黑暗里看到一个黑影向她靠近,当我准备不顾一切地冲过去时,我看到她已经跟那个黑影拥抱在一起。

那个男生的名字我已经忘记了。我只记得,他长得不高,成绩一般,家境也普通,可就是那么自信。他就是老师与家长口中"不要学习"的典型。他就是那种穿着奇装异服、烫着"杀马特"发型、轻佻地对着女同学吹口哨的人。

我讨厌他,明明那么普通,那么差劲,那么厚脸皮,却可以"抢走我的一切"。

2

　　我是一个既普通又自卑的人，我身边的人都知道这一点。对于我这个自卑的可怜人，人们总会更宽容一些。

　　"你很棒啊，现在像你这么沉稳的人已经很少了。"

　　"你至少不是一个坏人啊。"

　　"跟你相处很愉快。"

　　……

　　直到后来，我才意识到，这是一种充满同情、怜悯的客套话，相当于一个人对我说："哦，真是个小可怜儿。"

　　于是我很虚心地交了一个"普信男"朋友，只不过我们的友谊非常短暂。他就像多年前"抢走我一切"的那个男生一样——那么普通，却又那么自信。我诚恳地向他询问，他身上这种自信到底源于何处。

　　他答道："我也自卑过，我明白的！可是像我们这种普通的男生，根本没的选。如果你连自信都没有，那你就什么都没有了。"

3

如果说盲目自信是一种过错的话,那么自卑就是一种罪孽。

正是自卑让我单身多年。当有人问我为什么单身时,我告诉他:"因为我既普通又自卑。"

当自信的男生回忆自己第一次对女生表白时,他会想起美好的过去,嘴角也会不自觉地向上扬起。而我只是想象一下那个场景,想象一下我对一个女生说"我喜欢你"的画面,就会有一种强烈的羞耻感。

当自信的男生在想"她是不是喜欢我"的时候,我只会想"她会不会觉得我喜欢她,然后觉得我真恶心"。

当一个人自卑时,他会觉得自己的"喜欢"、自己的

"想法"、自己的一切都是羞耻的。任何一种形式的自我暴露,都会让他感觉自己像一只被暴露在阳光下、肮脏丑陋的臭虫。

4

有一次,一个女生问我,网上那些吐槽"普信男"的段子有没有让我觉得被冒犯,我会不会生气。我毫不犹豫地连说了三个"没有",她听后哈哈大笑。

作为"普卑男"的我当然不会生气,甚至很乐意加入对"普信男"的"讨伐"中:"太没有自知之明了,脸皮真厚!"

可是,"讨伐"之余,我猛然觉察到:"普信男"至少自信,"普卑男"却连自信都没有。

"普信男"明明一无所有,却敢以一副"我是天下第一"的姿态站在别人的面前。而"普卑男"却连站在对方面前的勇气都没有,只会默默地付出,期待着有一天对方能发现自己的付出,然后给自己一点点回应。

"普信男"被人吐槽,"普卑男"却连被吐槽的机会都没有。

5

不要幻想只要默默付出,就会有人把你想要的东西放在你的面前。要敢于为了得到想要的东西,而让自己处于可能被伤害的环境中。

你想要,就要说,就要去靠近,就要去为之拼搏。人生本就是一场放手一搏的冒险游戏,这个世界属于它的参与者们。

你要站到强者的身前对自己说:"但凡不能杀死你的,

最终都会使你更强大。"

你要敢对着喜欢的人说："一想到你，我这张丑脸上就会泛起微笑。"

畏惧幸福的人永远都无法得到幸福，你的一次次发狠和自虐都只是变相的逃避，你的强烈的羞耻心只是禁锢自己的牢笼，你的无私退让和精神满足只是不敢正视欲望的自我安慰。

当你在参与世界的过程中，逐渐坚定自我，认同自我，那份自卑感就会烟消云散。你会以真实的自己来面对世界，用喜欢的方式得到喜欢的东西。

这才是这个世界的乐趣所在。

Part

4

找回你的内在力量

当生活不像我们想象的那样顺利时，我们要学着去调整自己。你如果因为一件无力改变的事而痛苦，就去降低这件事在你心中的重要性；你如果因为欲望得不到满足而备受折磨，就去让你的欲望得到升华。

你最终要靠自己的力量前行

1

我曾经帮助过一个朋友,在她最想放弃自己的时候把她拉了回来。

在那之后,她开始连续不断地向我求助。本着"帮人帮到底"的想法,我一直耐心地回答她提出的每一个问题,并且不断地想办法开解她。

但是一段时间后,我发现一个问题,对方的求助变得越来越多,甚至让我有点儿不堪重负。每次在我开解她之后,她会有一点儿好转，可是过不了多久，她的情绪就会变得更加低落。

我那时候的想法特别简单，觉得既然对方需要帮助，我就去耐心地帮助她。但是我逐渐发现自己错得离谱。

看似我是在好心地帮助她变好，可事实上，我剥夺了她自我成长的能力。在她处于低谷的时候去帮一把是没问题的，但是不论问题大小，无条件地去帮助她，问题就大了。

一个人有了依靠以后，就会失去前进的动力。一个人习惯于什么问题都向别人求助，就会失去主动思考的能力。

于是我开始拒绝开解她，让她自己思考。一开始她表现得很不适应，觉得是我不耐烦了，不想帮她了，于是变得更加痛苦。我也担心对方是否会再次想不开。过了一段时间，她终于开始主动以自己的方式去面对问题、解决问题。

2

那个时候我忽然意识到，如果没有超出能力极限的话，每个人其实都能完成自我治愈。而无条件地帮助，则像那些对孩子无微不至的家长一样，认为孩子什么都做不了。无论孩子做什么，他们都会非常担心地阻止他，然后选择替他去做。

这样做就是在剥夺孩子成长的能力，会害了他，让他变得什么也不会做，做不好。对一个孩子而言，你应该适当地让他独立去面对困难——即使他做得不够好也没关系。

同样，对于那些陷入抑郁的成年人来说，你能给出的最有效的帮助不是成为像父母一样的依靠，而是能在他们处于低谷时扶他们一把，在他们迷茫时给他们指明方向，在他们恢复力量时选择及时松手。

一个好的引导者，绝对不是一个替人做决定的人。

3

我接触的人越多，就越喜欢做倾听的一方。我遇到的求助者越多，就越喜欢用问句回复他们。

有人面临困难时向你求助，你滔滔不绝地把事情分析了一遍，然后果断地告诉他"就这么做"。表面上他被你说通了，也按照你说的做了，事情也解决了，但同时，他成了你意志的执行者。

他再次面临问题时，只会再次向你讨要答案，这对他并无好处。好的引导者会更多地去倾听，去寻找他的问题背后的潜在原因，会用更多的问句去引导他思考，更多地去帮助他了解自己。

尽管他在痛苦无助的状态下会非常依赖你，但你除了提供情感支持，更应该像一面镜子一样，使他在你这里得到梳理自己的机会，主动找出属于自己的那个答案。

4

事实上，每个求助者的内心都有自己的答案。只是在情绪等条件的干扰下，他们没办法客观、整体地看待问题，或是在答案前面存在一些需要帮助才能移除的障碍。

而引导他们听从自己的内心，选出属于自己的答案，即使那个答案是错误的，客观上对他并非那么有利，也比直接给他们一个所谓的正确答案更加有意义。所以好的引导者应该只提供一个工具，让对方借此走得更轻松，而不应该让自己成为主导，拉着对方走。

5

这个世界上没有任何一个人可以在不依靠自己力量的情况

下真正获得成长。每个人最终都只能依靠自己的力量前行。

我们被抑郁笼罩时，会被悲观、无望的情绪控制，会暂时低估自己解决问题的能力，落入自卑、愧疚、厌恶自己等思维内耗中。我们应当有独立的思考能力，而后找到属于自己的答案，而不是一味地求救和向别人讨要答案。

你只有自己想要变好，能够主动面对问题，才能够真正变得更好。

这不是在告诉你现在应该做什么，而是希望你知道，无论过去的你经历过什么，请给现在这个脆弱的自己更多时间，不要急，更不要肆无忌惮地伤害和责怪自己。

当他休息好以后，他就会有力量站起来，最终解决所有问题。

如何获得自我内外的和谐

1

有人说，要不留遗憾地过完一生。可是人生如果没有遗憾，那得多遗憾啊。

有人说，要按照自己喜欢的方式度过一生。可人是在不断改变的，今天喜欢的生活方式，没准儿明天就不喜欢了。

有人说，要成功，要富有，要幸福，要自由，可在经历一连串现实的打击之后，信心全无，终于决定"我就这么对付着过吧"。

很多人奢望拥有完美的人生，可这个世界上根本不存在什么完美的人生，因为你的每一次选择，都是另一种放弃，你的每一次得到，都是另一种失去。

得到或者失去，成功或者失败，面临一个个选择或者意外……这一切都是我们人生的一部分。没有任何人能够准确地告诉你，你必须去做什么、选择什么、改变什么，然后就能得到完美的一生。

你轻轻松松地坐缆车到达山顶，就无法体会到靠双脚爬到山顶时的那份感动和欣喜；你总是孤独一人，就无法体会到集体的快乐；你敏感多虑，就无法体会平淡生活中的乐趣……

人生是你一次次做出选择，并去体验的过程。就生命体验而言，我觉得最幸运的人生就是：获得与自己相符合的教育，拥有自己认同并坚持的行为习惯，明确地知道自己想要的是什么……剩下的就只是做选择罢了。

2

一个痛苦的人,想要改变自己的生命体验,需要做的并不只是单纯地努力变好,也不是慌不择路地奔跑,听到别人说什么好就盲目地相信,而是要获得自我内外的和谐。要获得自我内外的和谐,首要的就是保持清醒,清醒地认识"我与世界的关系"。

生活在这个世界上,我们会受到太多因素的影响。我们童年的经历、接受的教育、家庭状况、文化素养、身体状况等因素,使我们变成复杂的人,让我们拥有了独特的行为习惯。

然而,因为我们在成长过程中还没有形成完整的独立意识,没法清醒地认识自我并主动做出选择,所以只能被动地接受外界施加给我们的东西。这些东西会通过不同的方式影响我们,甚至成为我们的一部分。如果它们并不适合我们,我们内心就会产生矛盾,感到痛苦。

只是我们不会认为自己有问题,因为当我们养成了这样的行为习惯,并且保持多年之后,一切已经变得理所当然了。比如一个实际上喜静的人,接受的教育是要善于交际,于是,他即使感到痛苦,也会按照他的行为习惯,微笑着去照顾每个人的感受,甚至连他本人都会误以为自己是一个活泼且善于交际的人。

我们误以为自己是一个怎样的人——多么可怕的一件事!这就好比我们的大脑被另外一种意识占据了。

3

我曾经坚定地认为自己是一个无欲无求,对世界不抱任何期望的人。于是那几年我表现得就像一具行尸走肉,整天昏昏沉沉的。后来我完整地分析过自己,发现那是我过去的某些经历,以及当时的身体状态替我做出的选择。在那几年，我笃定地认为自己就是那样的人。

永远都不要轻易地定义自己。我们活在这个世界上，会被太多的因素左右。我们被群体效应影响，被种种规范束缚，在明里暗里被灌输了各种观念……所以我们要时刻保持清醒，不时地审视自己。

但是不可避免地，我们很可能已经养成了许多错误的、病态的，或者与自己相违背的行为习惯。这些行为习惯导致我们无法发挥自己的优势，导致我们把事情搞砸，导致我们变得焦虑和痛苦。

如果你长期地、频繁地感到痛苦，那并不意味着你运气不好，而意味着你的行为习惯与本我相矛盾。你需要做的是把自己行为习惯中那些不符合本我的部分修正过来。

从今天起，你要把自己所有的选择都记录下来，记录一件事情发生时你的想法和做法，以及这件事带给你的体验。

你要找出那些不经思考就下意识做出的"强迫性选择"，以及那些让自己矛盾和不舒服的选择，然后回溯自己的过去，找出你的哪些经历或者性格的哪些部分造成你这样的行为习惯。

　　我曾经认为，一切行为都是我主动选择的结果，我甚至为之自豪。后来我用了相当长的时间去修补自己，深入地剖析影响自己的所有因素，每一次做选择前都与自己辩论一番，理性地分析自己的问题所在，并设想一个成熟的人面对相同的问题会怎样处理，而这些使我能够保持清醒。

4

　　当你能够认清自己，并且建立起一套与自身相匹配的行为习惯以后，你往后的生命体验都将极大地改善。但是做到这一步并不容易，这涉及一个话题——坚定。

　　坚定代表的是你自己的力量，它决定了你敢不敢去直面问题，然后自我选择。虽然错误的行为习惯使我们非常痛苦，但是多年的重复使其成为我们的舒适区。我们以"自己不够好"为借口,以为自己只要变得优秀、取得成功,一切问题就能迎刃而解。但事实上,我们只是不够坚定,在错误的行为习惯面前不断地妥协。

你可能知道做出新的选择会让自己更舒服,但是你偏偏对它视而不见,以各种借口搪塞自己。你告诉自己那是错觉,不要那么自私,要为别人考虑,要承担责任……你可能受某段关系或者某个环境的影响,不断地重复错误的模式。比如,一个不断伤害你又不时对你好的人,或者一个让你害怕到只能不断妥协的环境。虽然不断重复错误的行为习惯,让你感到痛苦,但你因为对某个人的依赖,或者习惯性地妥协,一直没办法真正改变你的生命体验。

当我意识到自己的自我价值感极低以后,我开始尝试去建立自己的自尊心。我学着坦然接受别人的好意,不断地告诉自己:"你值得。"我学着去麻烦别人,主动说出我想要什么。这对曾经的我来说是不敢想象的。

5

你必须意识到,你如果想要获得自我的内外和谐,就必须摆脱对过往习惯的依赖。你必须面对问题,坚定地做出自己的选择,这样才能解决根本问题。

很多人想努力变好,却没办法变得更好。那不是因为他们的毅力不够,或者吃不了苦,而是因为他们在以错误的行为习惯生活着,这让他们内心产生了大量焦虑和悲观的情绪。他们把大量的精力都浪费在自我消耗上,所以才无法变得更好。

当你清醒地看清这个世界,建立起一套与世界、与自己和谐相处的思维,并且坚定而清楚地知道自己想要的是什么以后,变好是水到渠成的事情。

比"拥有"更有力量的是"失去过"

1

曾经有段时间,我在医院陪舅舅治病,其间我遇到许多病人。在这些病人中,给我留下印象最深的是舅舅邻床的一位小伙子。

他24岁,长相清秀,罹患白血病,化疗使他失去了头发。我之所以对他印象深刻,是因为他几乎不活动,也不说话,整个人一直以一种固定的姿势躺在那里,像服装店里的人偶一样。

由于生病，他双腿的肌肉都已经萎缩了，这令他无法走动，所以父母每天都会给他捏腿。每天喂饭的时候，他都不坐起来，无神的双眼盯着天花板，嘴巴机械地咀嚼着。

那是个充斥着绝望的地方，在电梯、走廊或其他地方，我随时都能听到人们的谈话声。有时候我只需听清零星的几个字，就能想象到整个家庭有多难。但就是在这样一个绝望的地方，我偶尔能在一些人身上感受到别样的力量。

许多罹患重病的人或是刚刚患病的年轻人都会陷入痛苦和绝望中不能自拔，而那些"老病号"反而看得很开。

比如我舅舅，他以前的工作是爬楼给人送水，送一桶水才挣几块钱。后来他做环卫工人，凌晨4点就要起床扫街，一个月才挣1000多块。他跟我姥姥、姥爷住在一起，一边照顾他们，一边还要养老婆和孩子。他生了重病后，生活一下子雪上加霜。刚生病那年，他整个人濒临崩溃——精神上的痛苦、对世界的埋怨、对家人的愧疚、对生活的无力，都让他绝望至极。

直到他成了"老病号"，他的身上开始透着一种"轻松"的感觉。他不像最初那么沉默寡言了，变得非常健谈，跟病房中邻床的人聊天，或者跟护士开玩笑，完全不顾忌自己的病，整个人非常坦然。他好像把身上的压力全部都卸下去了，那些痛苦、埋怨、愧疚、压力……都不重要了，他变得非常强大。

2

我们在面对死亡的威胁时，通常会经过五个心理阶段：拒绝、愤怒、挣扎、沮丧、接受。

而在面对突如其来的死亡威胁时，我们就会完成一次"边界体验"，即我们被这种突发的死亡威胁震出了自己的日常性，将注意力转移到"存在"本身。

从拒绝到接受的过程中，我们会一层层地解开自己的枷锁，从生活的圈子里走出来。我们在社会和家庭中扮演着许多角色，但是我们现在首先扮演的是自己——一个人，这成了最重要的事情。

当人们将注意力放在自己的"存在"本身时，似乎一切都不重要了，他们开始不再那么在意自己拥有什么，仿佛生死之外都是小事。

事实上，我们在生活中面对许多"失去"，都需要经历从拒绝到接受这样一个过程。比如失败、遭受打击，我们可以从这些"失去"中获得强大的力量。

尼采说："但凡不能杀死你的，最终都会使你更强大。"这并不意味着我们在面对失去时要多么坚强、勇敢地与它正面搏斗，而意味着能够学会接受。

所谓接受，不是无视痛苦的存在，而是顺从自我，卸下压力，从你扮演的各个角色中走出来，将注意力集中在你本身的"存在"上。

3

比"拥有什么"更有力量的是"失去过什么"。

诚然,那些痛苦的"失去"让我们不愿意回忆和面对,但当你真正接受这件事的时候,它就会成为你的力量之源。从此,任何"不如那一次痛苦"的失去,都将变得微不足道。

我们可能没有别人拥有的多,但是我们所失去的是他们远远无法想象的。正是这种"失去",赋予了我们的"得到"更多的意义,也赋予了我们更加具体地体验人生的契机。

我们都曾有过身陷深渊,求救却得不到回应的时刻。总有一天,当我们学会接受"失去","失去"就会成为我们的底气,时刻提醒我们:"一切都没什么大不了的。"

4

在我快离开医院的时候,我竟然看到邻床的小伙子在玩手机。手机里传来叮咚叮咚的声响,听着应该是某类竞速游戏。

他那双往日无神的眼睛,此刻正专注地盯着屏幕,里面反射着手机发出的光,很好看。

接受自己，是坚定地支持自己去"犯错"

1

如果你的朋友爱上一个渣男，你会怎么做？

你会耐心地劝她，告诉她对方是个不靠谱的人，别去主动寻求伤害，别继续犯傻？还是理性地给她分析各种得失和利弊，又或是痛骂她一顿，逼着她删了对方的联系方式？

事实上，她向朋友寻求意见时，潜意识中已经有了答案。她会不断地问不同的朋友，直到得到自己想要的答案为止。所以她想从你口中听到的其实是"那个人虽然有些问题，但还可以给他一次机会，或许你能改变他也说不定"之类的话。

你要帮她，就不要简单地提醒她前面有个坑，而要在她摔疼了以后，慢慢地把她拉出来。这样等以后再遇到一个坑，她自己就会想起疼，然后选择主动绕开。

这世上的大部分道理，都只能用亲身经历去证明，不能全凭他人指引。真正能够指引我们不犯错的，正是错误本身。

所以我们在面对自己内心的答案时，在坚持底线的前提下，别怕错，甚至要敢于推自己一把。

2

我有个朋友，因为家庭变故，变得缺乏安全感，对钱看得很重。身边的人经常劝他，不要把钱看得太重。可这些话对他不起作用。

别人的劝说，跟他因自身经历所形成的观念相比，是多么无力。但是这些主流的道理——不要太重视钱——不断地干扰着他，让他对自己真实的感受产生了怀疑，引发了内心的矛盾。

我想说的是，在这个世界上，我们每个人都有特殊性，只有自己能够接收到自己完整而真实的感受，这些感受才是我们最真实的指引。哪怕它们可能暂时是错误的，跟主流或身边人口中的道理不符，你都应该坚定地去接受它、面对它。

看重钱不一定是坏事，无论别人怎么说，你都不要怀疑自己的感受，更不要感到羞愧，因为你的观念是你不可逆的经历带给你的，是有依据的。你需要它，你要把它具体化，变成你当前的目标，并去努力达成。直到它不再是你安全感的来源以后，你自然可以跨过它，去追求更高层次的自我实现。

很多时候，最大的敌人不是错误本身，而是你想要改变错误的意愿。它会使你把问题复杂化，让你产生额外的对抗和焦虑。人生本就没有什么固定的活法，更没有一蹴而就的捷径。所以请你接受自己最真实的感受，允许自己与主流不同，去做你当下想要去做的事情，别怕路远，别怕孤独。

3

我的一位女性朋友，曾经因为人际关系方面的困扰，找心理咨询师进行了一年多的心理咨询。其间有一段时间她的状态特别好，她会每天做一些有意义的事情，不去胡思乱想，不为社交活动和人际关系而焦虑……可是在结束心理咨询以后，她又变回了之前的样子。她问我为什么那段时间她的状态可以那么好。

我在帮她梳理了一遍以后，归纳总结出其中的原因。简单来说，就是她的咨询师采用一系列帮助她获得正向反馈的办法，让她暂时进入了一个较好的状态。可是，这些让她获得正向反馈的办法，效用是快速递减的。于是她很快又失去了那个状态。

她的咨询师知道健康的人是什么样的，所以帮助她去靠近那样的状态，这确实对她有很大帮助。但后来这个办法没用了，那是因为她没有从心底真正接受这种生活方式。

我们如果长期处于痛苦中，就会将痛苦当作自己的安全区，只有学会慢慢地接受它们，放下它们，我们才能真正开始积极地面对生活。在那之前，刻意地靠近和模仿，都不能让我们与黑暗和解。

4

在我们成长的过程中，很多所谓的"人生导师"都在试图让我们相信那些"正确"的生活方式。他们一味地给我们描述一个人应该有的样子，却没有告诉我们，在成为理想中的样子之前，我们需要经历多少困难，会犯多少错误。

事实上，我们能够做好的事情，都是我们真正主动想要去做的事情。

比如一个成功的人，你不知道他做过多少自己不喜欢的工作，经历过多少艰难的时刻，又如何找到了自己真正喜欢的事情，最终进入正循环。我们死盯着他的成功和自律的生活方式，苦大仇深地逼自己去模仿和靠近，当然无法获得真正的改变。

当下的很多年轻人，都太害怕失败了。而真正通向成功的路，历来是由一次次犯错铺成的。一个人正是因为犯过错，才会懂得什么是重要的，什么是对的。

所以我希望，你能够坚定地勇敢前行，不怕犯错，追随自己的内心，直到找出自己心底的答案，找到与这个世界最适合的相处方式。

不要与乐观为敌

1

一个人遭受痛苦的折磨时，会得到这样的反馈：

"你为什么不能乐观一点儿呢？"

"你能不能积极一些呢？"

可是一个人如果能够积极乐观起来，谁又愿意承受痛苦呢？这类看似好心的反馈，却往往会遭人反感。渐渐地，我们开始回避和厌恶这样的"风凉话"，甚至开始厌恶所有所谓的"正能量"。

2

我曾经是一个非常悲观的人,每当有人跟我提及"乐观""积极"等词汇时,我就会反感。

那时候的我,觉得乐观只会让人变得浅薄,会让人在嘻嘻哈哈中失去思考的能力。我还会觉得乐观很多时候都是一种阿Q精神的体现——让正在遭受痛苦的人保持乐观,这是很可笑的。

那时候的我,坚信世界是残忍的,所以听到有人劝人乐观,便会不由得生出一种敌意,继而认为他是一个不谙世间疾苦,浅薄且缺乏共情能力的人。

我在人群中独来独往,看到可以轻易开心起来的人们,便会生出一种疏离感。

我告诉自己要保持清醒,不要为了"快乐"而失去自我。

每当我感受到负能量时,我就会毫不抵抗地去放任它们将我淹没。

我固执地认为,这样才是真实而清醒地活着。

相比劝人乐观,我更乐于劝他们直视自己的痛苦。我甚至会去主动收集各种各样的负能量事例,吸收各种各样的痛苦,再将它们嚼烂了,整理并表达出来,便感觉到自己在这个过程中获得了成长。

3

在我接触了很多关于积极心理学方面的知识后,我的想法有了转变。

我开始发现,自己曾经对人类的积极性存在许多偏见。

一提到"乐观""积极",当时的我最先想到的就是人和人之间的不理解,甚至是一些事不关己的风凉话,是贬低他人遭遇的恶劣行径。

我之所以厌恶这样的"正能量",是因为它们实则是伪装成正能量的负能量。比如,线上线下大行其道的"成功学",善于用肤浅的伎俩煽动人们的情绪;纯粹的享乐主义者,鼓励人们成为欲望的奴隶;严重地脱离实际,认为人可以通过自己的"想法",轻松地变成自己想成为的样子……

在这样的环境下,一个被痛苦纠缠的人,就会生出一种与世界格格不入的异类感。他会因为自己处在孤立无援的境地而产生一种宿命式的悲观情绪,于是对伪正能量产生敌对情绪,继而蔓延到真正的正能量上。

一个人开始无意识地与乐观、积极、快乐等正面情绪为敌时,便落入了一个陷阱。他会压抑自己所有的积极情绪和感受,并且被向内投射的"死本能"操纵,形成一种消极的强迫性思维。他能看到的只是自己的"与众不同",认为自己只是不愿变成一个肤浅的享乐主义者。

4

曾经的我便是如此敌视快乐。那时候的我认为快乐就是欲望被满足的结果，我害怕被欲望驱使，害怕自己掉进无尽的空虚中，于是我习惯性地压抑自己的欲望，不相信可能性，消灭目的性，维持自我的独立性。

我曾以为描述痛苦是一件充满负能量的事情，但后来发现，其实人们会在将痛苦表达出来的过程中感受到被理解，这反而是一件非常富有正能量的事情。

很多时候，我们选择消极面对一切，只是因为害怕期望落空，害怕努力了却还是得到坏的结果，并非我们不想积极地面对生活。

事实上，积极是帮助人应对痛苦的本能，无论你自以为多么消极，只要你继续往前走，积极的念头就会不断地涌出来。

我想告诉那些自以为悲观、消极的朋友，虽然在你们的世界里有许多令人讨厌的东西，但不要为了与讨厌的东西对立而忘掉了自己的积极面，更不要对它们过度防御。

5

为什么劝人"乐观点儿"会遭人厌？

因为"你为什么不能乐观一点儿"背后的意思是"你这个人怎么这么麻烦"，这并不是真正的积极。

如果把人比作容器的话，那么积极带给人的改变应当是容器本身的改变，而非向其中灌入什么东西——不是往里面灌入乐观，而是要改变容器的形状，让它可以将乐观留下来。

真正的积极带给人的是现实的改变，是看待人生的角度的改变，是每时每刻所思所感的改变。

当我真正有意识地将它们应用于生活中时，我能够感受到许多基于现实的，源于"此时此刻"的改变。

  一个人如果一路只顾着对抗痛苦，就无暇欣赏人生的风景了。

别让伤人的过往困住自己

1

你面对过比自己强大的对手吗?

多年前我学习散打时,因为身体不舒服,拒绝了教练的指挥。血气方刚的他,把我的"不顺从"当成了挑衅,在学员们集体热身结束后,派他的徒弟跟我对练。

"我可能有点儿发烧。"我解释道。

"穿上!"他把护具朝我丢了过来。

无奈之下,我只好穿上护具,跟他徒弟过招。于是大家围成一圈，开始观看我们对练。实际上，他那位徒弟的散打技术很棒，招式有模有样，奈何年纪比我小，最终被我这个"门外汉"以力破巧，轻松放倒在地。

我意识到教练在面子上有些挂不住，紧接着，我看到他穿上护具，准备亲手教训一下我这个"刺头"。在我还没反应过来的时候，他已经一拳狠狠地打在了我的脸上。这一拳让我整个人瞬间翻倒在地，大脑一阵眩晕。

"起来！继续！"教练大声地说。

那一瞬间我知道：这不是练习，更不是指导，而是一场实打实的战斗。

我爬起来开始还击，但每一次还击都被他一个侧身轻盈地躲开了。在我每次出招的间隙，他趁机出拳，接连命中我的面部。我从小积累的打斗经验，无论是在影视还是现实生活中学到的，在教练面前都毫无用处。不到半分钟的时间，我的鼻子和嘴角就已流出鲜血。

"我不是他的对手。"这是当时我心里唯一的想法。

他没有停止攻击，我又一次被他击倒在地。这次他让徒弟给我递了些纸，希望我把血擦一擦。于是我脱下手套，用纸将鼻子和嘴角上的血稍微清理了一下。

"好了吗？好了就把手套戴上，咱们继续。"

他仍然不肯放过我。围观的学员们用怜悯的眼神看着我。

"好了，来吧！"我戴上手套，主动朝他走过去。

2

第二回合开始了。

这一回，我迎来的是他一波狂风暴雨般的攻击，而我则紧紧抱住自己的头，不断向后退。他一个中距离的"鞭腿"狠狠地踢在我的腰腹位置，使我几乎腾空而起，接着撞在身后的玻璃墙上。在我的脑袋仍然处于眩晕状态时，眼前突然出现了一个放大的鞋底，狠狠地落在我的脸上。

我倒在地上，嘴里满是塑料鞋底的味儿，这味道比打在身上的拳头更令我愤怒。我开始放弃防御，爬起来拼命地朝他进攻。

他的身体非常灵活，一般人即使打中了他，力量也会被他"卸"掉，还要承受他成倍的反击。我抱着他的身体冲向墙边，他立刻用一个侧身勾脚将我摔了出去。那一瞬间，血的腥味夹杂着塑料鞋底的味道，让我产生了一种强烈的挫败感。

我很清楚，这就是一场力量悬殊的战斗，我根本不可能打得过他。

"来啊，起来！"

我爬起来以后，发现自己的双手开始止不住地抖。

"我在害怕吗？我害怕被打吗？我害怕打不过他吗？"我在心中自问道。

接下来，当他再一次将拳头向我挥过来时，我拼命地使自己睁着眼睛。这一次，我能清楚地看到他起步、侧身、扭腰、出拳，直到疼痛感从我的脸部传遍全身，我的视线都没有离开过他。

一种突如其来的兴奋感点燃了我："碰到这么强的对手，我好开心呀！"

我一次次倒下、起身、反击，再倒下、再起身、再反击，清楚地感到我的体力已经快耗尽了，并且浑身都在疼。但是那种兴奋感令我热血沸腾，给了我不认输的勇气。

"你还可以吗？"他问。

"可以！"我毫不犹豫地回道。

我看到他也在大口大口地喘着气，便向他冲过去。他的拳脚依旧非常有力，但在击打我的同时，他也在不断地后退着。我把握住他的空当，用尽全部力气，一拳打了出去。那一拳结结实实地打在了他的脸上，而他的拳头也同时打在了我的脸上。

当我倒在地上的时候，我看到他也倒在我的旁边。那一刻，我认为自己是胜利者……

对战结束以后，朋友扶着一瘸一拐的我往回走，他跟我说："你在气势上不输分毫。"

3

如果说人生就是一场场接连不断的战斗,那么"不自量力"的还手,才是我们最好的选择。

真正可怕的并不是比你强大的人和坚硬的拳头,而是那些折磨人的精神攻击。它们潜移默化地改变着你,削弱你的精神力量,使你整个人变得软弱无力。

比如,有人会对你说:

"你很差劲,哪里都比不上别人,你就是个废物。"

"你追求的东西毫无意义,你应该合群一点儿,像别人一样去生活。"

"你不能那么自私,要为别人负责,为别人活,大家都是这样。"

……

这些伤人的话,会不断地削弱你的精神力量,让你变得越来越弱。

作为一个从小每天思考人生的"异类",我曾经以为人生毫无意义:学业、工作、家庭等全部毫无意义。在我成长的过程中,父母、老师和同学大都成了我心中的"敌人",因为他们总是否定我、反对我、贬低我。当时的我慢慢变得非常孤僻、冷漠,开始刻意培养一些小众的爱好,以求获得自我认同。

当进入社会、接触现实世界以后,我那骄傲、脆弱的自尊心早已饱受各种负面反馈的摧残。我成了一个绝对的失败者,彻底地否定自己,否定自己过往的人生经历。

物理攻击会让人感觉到疼痛,精神攻击则会损耗你的心理能量,让你丧失反击的能力。

一个人觉得自己越来越不堪的时候,会误把自己当作敌人,从而不断地自我攻击。他会觉得,自己之所以会这么不堪,要么是因为做错了事,要么是因为自己本身就是一个没用的人。正是把自己当作敌人的这种想法,最终困住了自己。

4

记得上大学的时候,有一天晚上,天气骤变,雷声阵阵,马上就要下大雨了。我那时候很喜欢淋雨,于是便逆着人流走出校园,一个人向离学校不远的海边走去。

我走到海边时,已经看不到其他人了。伴随着雨声和雷声,呼啸的海风将海水一波波推到我的脚下。我的心脏开始怦怦直跳,我感到既害怕又兴奋,狂风、海浪、暴雨、雷电……它们让我感受到了一种暴力的美感。

整个天空就像一个封闭、黑暗的房间,那接连不断的闪电就像是为我准备的一场绝美的烟花盛典。于是我不受控制地沿着海边奔跑。

"来啊!"

那一刻,我想象在我的对面有一个强大的对手。他在朝我咆哮,试图让我恐惧,让我屈服,而我感到热血沸腾。

我不停地奔跑,直到感觉疲惫,身子开始变得沉重。雨水使我快要睁不开眼睛。

"回去吧，会生病的。"

"你的身体不行了，没力气了。"

"快走吧，浪这么大，太可怕了。"

这些声音不断地在我脑海中响起，我几乎就要妥协了。但就在下一刻，我忽然明白，这些声音就是那些精神攻击的内化。

每次我想去做一件事的时候，就会有人说："你做这些都是没有意义的，别浪费时间了。"

每次我想再坚持一下的时候，就会有人说："你不行，别做了，即使再努力也做不好。"

每次我开始喜欢一个人的时候，就会有人说："你这么差劲，没有人会喜欢你的，不要惹人厌了。"

于是，我一次次地放弃，一次次地失败，一次次地退缩。而这些放弃、失败、退缩强化了"我不行""我差劲"的自我认知。

在那个雨夜的海边，当我忽然弄清楚那些负面声音的来源后，我大声地喊出了三个字："我可以！"

5

按照弗洛伊德的理论，一些人身上散发着强烈的"死本能"，表现为求死的欲望；而一些人身上更多的则是"生本能"，表现为求生的欲望。

"死本能"代表着攻击和破坏的力量，且分为向内和向外两种类型：向外的表现就是征服、伤害他人，比如网络上充满戾气的"喷子"，或者一言不合就大动拳脚的社会暴徒；向内的表现就是拼命地自我攻击、自我否定，甚至为自己的存在而感到羞耻，并不断地尝试自我毁灭。

充满"死本能"的人，选择展露人性的丑恶面，并且在无力面对现实时，表现出悲观、麻木的姿态。而充满"生本能"的人所表现的却是人性的积极面——一个人可以被命运打败，但要做到败而不垮。

要知道，当我们在面对未知的命运时，我们的态度会决定我们的生命体验。

人生总会经受一些痛苦，但是充满"生本能"的人，其生命体验一定正向得多，因为他们始终保持着向生活宣战的态度。

6

"如果所有愿望都能实现，我会开心吗？"

"如果钱财足够多，我会开心吗？"

"如果事业非常成功，我会开心吗？"

"如果身体健康、生活稳定，我会开心吗？"

……

我曾经常常问自己这样的问题，那时候对于这些问题，我的回答一直都是否定的。

那么到底是什么促使我发生了改变呢？

在经历了无数次现实的锤炼以后，我逐渐意识到，促使我改变的正是"战斗"的精神，它让我明白了人生的意义。当我面对强大对手碾压式的攻击，以及一次次失败带来的挫败感时，这种精神使我变得越发勇敢、强大。

我逐渐从一个敏感、脆弱、悲观的人变成了一名坚强、乐观的"战士"。

所以，当生活不像我们想象的那样顺利时，我们要学着去调整自己。你如果因为一件无力改变的事而痛苦，就去降低这件事在你心中的重要性；你如果因为欲望得不到满足而备受折磨，就去让你的欲望得到升华。

当你开始为自己的幸福人生而努力时，很多人也会被你的改变感染。你会发现，身边逐渐多了许多与你同路的人，而你也从他们身上获得了一种持续不断的力量，使你变得更加坚定、自信。

这一切会逐渐使你产生一种使命感：之所以你会经历这

些事，成为这样的人，正是因为这个世界需要你。

　　让那些悲观且深陷痛苦的人们变得积极向上，让那些价值观坍塌的人们重新建立内心的秩序，让自卑的人敢于相信自己有改变世界的可能……这就是"战斗"的力量。